Show
and
Prove

1

수리논술을 위한 Basic logic & 수학 1

예제 해설 모음

수리논술 논리와 전개

해설 1

잘못된 답안)

1. $f'(x) = 3x^2$, $f(x) = x^3 + c$, $f(x) = x^3 + 2$.
2. $f'(x) = 3x^2$이고 $f(x) = x^3 + c$ 이므로 $f(x) = x^3 + 2$ 이다.[1]

정석적 답안)

$f'(x) = 3x^2$의 양변을 적분하면 $f(x) = x^3 + c$ (단, c는 적분상수) 이고

   ⓐ 조건   ⓑ 변화과정   ⓒ 새로운 사실 이끌어 냄

$f(x)$의 상수항이 2이므로 $c = 2$이다. 따라서 $f(x) = x^3 + 2$이다.

   ⓐ 조건   ⓒ 새로운 사실 이끌어 냄

기호 사용 답안)

$f'(x) = 3x^2 \Rightarrow f(x) = x^3 + c$ ($\because$ 양변 적분, c는 적분상수) [2]
$\Rightarrow f(x) = x^3 + 2$ ($\because$ $f(x)$ 상수항 2)

$\therefore\ f(x) = x^3 + 2$.

해설 2

$\underline{2n + 10 > n + 5 \Leftrightarrow n > -5}$ 인데 n은 자연수이므로 $n > -5$는 자명한 부등식이다. 따라서 문제의 부등식도 성립한다.

---

[1] 물론 이 문제는 너~~~~무 간단한 문제이므로 이 정도로만 써도 0점을 받는 수준까진 아닐 것이지만, 고난도 문제일수록 정석적 답안/기호사용 답안과 같이 쓰는 것이 필수가 되므로 처음부터 연습을 잘해두는 것이 좋겠다.

[2] 이 부분은 간단한 과정이므로 설명 생략 가능하지만, 공부하는 초기에는 신경써주자.

일반적인 답안)

$$\cos\frac{\pi}{7}\times\cos\frac{2\pi}{7}\times\cos\frac{4\pi}{7}=\frac{\cos\frac{\pi}{7}\times\cos\frac{2\pi}{7}\times\cos\frac{4\pi}{7}\times\sin\frac{\pi}{7}}{\sin\frac{\pi}{7}}$$

$$=\frac{\sin\frac{2\pi}{7}\times\cos\frac{2\pi}{7}\times\cos\frac{4\pi}{7}}{2\sin\frac{\pi}{7}}\ (\because\ 두배각공식,\ 이후\ 반복적용)$$

$$=\frac{\sin\frac{4\pi}{7}\times\cos\frac{4\pi}{7}}{4\sin\frac{\pi}{7}}$$

$$=\frac{\sin\left(\pi+\frac{\pi}{7}\right)}{8\sin\frac{\pi}{7}}=-\frac{1}{8}\times\frac{\sin\frac{\pi}{7}}{\sin\frac{\pi}{7}}=-\frac{1}{8}\ 이다.$$

필요충분조건을 활용한 답안)

$$\cos\frac{\pi}{7}\times\cos\frac{2\pi}{7}\times\cos\frac{4\pi}{7}=-\frac{1}{8}\Leftrightarrow 2^3\times\sin\frac{\pi}{7}\times\cos\frac{\pi}{7}\times\cos\frac{2\pi}{7}\times\cos\frac{4\pi}{7}=-\sin\frac{\pi}{7}$$

$$\Leftrightarrow 2^2\times\sin\frac{2\pi}{7}\times\cos\frac{2\pi}{7}\times\cos\frac{4\pi}{7}=-\sin\frac{\pi}{7}\ (\because\ 두배각공식)$$

$$\Leftrightarrow \sin\frac{8\pi}{7}=-\sin\frac{\pi}{7}\ (\because\ 두배각공식\ 반복적용)$$

한편 사인함수의 성질에 의하여 $\sin\left(\pi+\frac{\pi}{7}\right)=-\sin\frac{\pi}{7}$ 이므로

문제의 준식 $\cos\frac{\pi}{7}\times\cos\frac{2\pi}{7}\times\cos\frac{4\pi}{7}=-\frac{1}{8}$ 역시 참이다.

기대T 추천답안)

삼차함수 $f(x) = ax^3 + bx^2 + cx + d$와 임의의 일차함수 $g(x) = px + q$에 대하여

방정식 $f(x) = g(x) \Leftrightarrow ax^3 + bx^2 + (c-p)x + (d-q) = 0$의 서로 다른 세 근의 합은 제시문 〈가〉에 의하여 p, q에

관계없이 $-\dfrac{b}{a}$로 항상 일정하다. … ①

또한 직선 $m : y = x$과 수직인 직선 l의 기울기는 -1이므로 $f'(0) = -1$임을 알 수 있다. … ②

한편 직선 m의 방정식이 $y = x$ 이므로, 점 B, C좌표를 $(b', b'), (c', c')$ (단, $c' < 0 < b'$) 라 하면

$y = f(x)$와 직선 l을 연립한 방정식의 서로 다른 세 근의 합은 $0 + 0 + b' = b'$ 이다.

①에 의해 $y = f(x)$와 직선 m을 연립한 방정식의 서로 다른 세 근의 합 역시 b'여야 하므로

$b' + b' + c' = b'$, $c' = -b'$ 이다.

$\therefore f(x) - x = (x - b')^2 (x - c')$

$= (x - b')^2 (x + b')$

이고, 양변을 미분한 후 $x = 0$을 대입하면 $f'(0) - 1 = -b'^2$이다.

$\therefore b' = \sqrt{2}$ $(\because ②)$ 이고 $f(0) = 2\sqrt{2}$ 이다.

일반적인 답안)

직선 m의 방정식이 $y = x$ 이므로, 점 B, C좌표를 $(b, b), (c, c)$ (단, $c < 0 < b$) 라 하면

$y = f(x)$와 직선 l을 연립한 방정식의 서로 다른 세 근의 합은 $0 + 0 + b = b$ 이다.

삼차함수 $f(x) = ax^3 + bx^2 + cx + d$와 임의의 일차함수 $g(x) = px + q$에 대하여

방정식 $f(x) = g(x) \Leftrightarrow ax^3 + bx^2 + (c-p)x + (d-q) = 0$의 서로 다른 세 근의 합은 제시문 〈가〉에 의하여 p, q에

관계없이 항상 일정하므로, $y = f(x)$와 직선 m을 연립한 방정식의 서로 다른 세 근의 합 역시 b여야 한다. 따라서

$b + b + c = b$, $c = -b$ 이다.

$\therefore f(x) - x = (x - b)^2 (x - c)$

$= (x - b)^2 (x + b)$ … ③

또한 직선 $m : y = x$과 수직인 직선 l의 기울기는 -1이므로 $f'(0) = -1$이다. 따라서

양변을 ③ 식을 미분한 후 $x = 0$을 대입하면 $f'(0) - 1 = -b^2$이다.

$\therefore b = \sqrt{2}$ 이고 $f(0) = 2\sqrt{2}$ 이다.

$f''(x) \geq 0$라는 조건을 보고 아래로 볼록[3]인 $y = f(x)$를 대충 그려놓고 여러 점에서 접선을 그어보면서 '다 곡선 아래에 있네. 증명 끝!' 하는 그래프 답안을 적으면, 아래의 수식적 답안과 비교하여 유의미한 감점을 받을 수 있다.

[수식적 답안]

$f''(x) \geq 0$ 이므로 구간 (a, b)안에 있는 임의의 α, β ($\alpha < \beta$)에 대하여 $f'(\alpha) \leq f'(\beta)$ 이다. $\cdots$ ①

(i) $x > p$ 일 때

평균값 정리에 의하여 $p < c < x$인 c가 존재하여 $\dfrac{f(x) - f(p)}{x - p} = f'(c)$ 이고 $f'(c) \geq f'(p)$ ($\because$ ①) 이므로

$\dfrac{f(x) - f(p)}{x - p} \geq f'(p)$, 즉 $f(x) \geq f(p) + f'(p)(x - p)$이다.

(ii) $x < p$ 일 때

평균값 정리에 의하여 $x < c < p$인 c가 존재하여 $\dfrac{f(x) - f(p)}{x - p} = f'(c)$ 이고 $f'(c) \leq f'(p)$ ($\because$ ①) 이므로

$\dfrac{f(x) - f(p)}{x - p} \leq f'(p)$, 즉 $f(x) \geq f(p) + f'(p)(x - p)$이다. ($\because$ $x - p < 0$)

한편 곡선 $y = f(x)$ 위의 점 $(p, f(p))$에서 그은 접선 ℓ의 식은 $y = f(p) + f'(p)(x - p)$ 으로 표현되므로, (i), (ii) 에 의해 접선 $\ell : y = f(p) + f'(p)(x - p)$은 항상 곡선 $y = f(x)$ 아래에 있음을 알 수 있다.

$f(x) = h(x) - \left\{ \dfrac{h(b) - h(a)}{b - a}(x - a) + h(a) \right\}$라 하면 $f(a) = f(b) = 0$ 이므로, 문제의 ① 식에 밑줄 식에 대입하여 계산하면

(계~산~과~정)

(계~산~과~정)

이므로 $\displaystyle\int_a^b h(x)dx = \dfrac{(h(a) + h(b))(b - a)}{2} + \int_a^b g(x)h''(x)dx$ 임을 알 수 있다.

---

3) 심지어 $f''(x) = 0$인 상수함수가 $f(x)$의 일부분이 될 수 있기 때문에, 이 문제에서 그래프 답안은 '오점이 많은 답안'이 될 수 있다.

합성함수의 정의를 적용하여

$$(f \circ f)(x) = f(f(x)) = \frac{c\left(\dfrac{cx+1}{dx+1}\right)+1}{d\left(\dfrac{cx+1}{dx+1}\right)+1} = \frac{(c^2+d)x+(c+1)}{d(c+1)x+(d+1)}$$

이 됨을 알 수 있고 이로부터

$$(f \circ f \circ f)(x) = (f \circ f)(f(x)) = \frac{(c^3+2cd+d)x+(c^2+c+d+1)}{d(c^2+c+d+1)x+(cd+2d+1)}$$

를 얻는다.

한편, $(f \circ f \circ f)(x) = x$ 가 무한히 많은 실수 x 에 대하여 성립하므로

$$d(c^2+c+d+1)x^2+(cd+2d+1)x = (c^3+2cd+d)x+(c^2+c+d+1)$$

가 항등식이다.

따라서 $d(c^2+c+d+1)=0$, $cd+2d+1 = c^3+2cd+d$, $c^2+c+d+1=0$

를 얻는다. 이를 정리하면 $d = -c^2-c-1$ 의 조건을 얻고, 이를 대입하면 다른 조건들도 만족시킴을 알 수 있다.

따라서 $d = -c^2-c-1 = -\left(c+\dfrac{1}{2}\right)^2 - \dfrac{3}{4}$ 로부터 $c = -\dfrac{1}{2}$ 일 때 d가 최대이고 이때 $d = -\dfrac{3}{4}$ 이다.

증명법

해설 1

$$\sum_{n=1}^{\infty} \frac{1}{n} = 1 + \frac{1}{2} + \left(\frac{1}{3} + \frac{1}{4}\right) + \left(\frac{1}{5} + \frac{1}{6} + \frac{1}{7} + \frac{1}{8}\right) + \frac{1}{9} + \frac{1}{10} + \cdots$$

$$> 1 + \frac{1}{2} + \left(\frac{1}{4} + \frac{1}{4}\right) + \left(\frac{1}{8} + \frac{1}{8} + \frac{1}{8} + \frac{1}{8}\right) + \left(\frac{1}{16} + \frac{1}{16} + \cdots\right)$$

$$= 1 + \frac{1}{2} + \left(\frac{1}{2}\right) + \left(\frac{1}{2}\right) + \cdots \text{ 이므로 } \sum_{n=1}^{\infty} \frac{1}{n} \text{이 무한대로 발산한다.}$$

해설 2

서로 다른 임의의 두 실수 a, b에 대하여 일반성을 잃지 않고[4] $b > a$ … ⓐ라 하자.

평균값의 정리에 의하여 $\dfrac{f(b) - f(a)}{b - a} = f'(c)$인 c가 구간 (a, b) 사이에 항상 존재하는데, $f'(c) > 0$이므로

ⓐ일 때 $f(b) > f(a)$ 임을 알 수 있다. 따라서 함수 $f(x)$는 증가함수[5]이다.

해설 3

i) $n = 1$일 때,

$$\sum_{k=1}^{1} \frac{k}{(k+2)!} \times 2^k = \frac{1}{3}, \ 1 - \frac{2^{1+1}}{(1+2)!} = \frac{1}{3} \text{ 이므로 준식은 성립한다.}$$

ii) $n = m$일 때 문제의 준식이 성립한다고 가정하자.

양변에 $\dfrac{m+1}{(m+3)!} \times 2^{m+1}$을 더하면

(좌변)$= \displaystyle\sum_{k=1}^{m+1} \frac{k}{(k+2)!} \times 2^k$, (우변)$= 1 - \dfrac{2^{m+2}}{(m+3)!}$ 이므로 문제의 준식이 $n = m+1$일 때도 성립한다.

따라서 수학적 귀납법에 의하여 모든 자연수 n에 대하여 준식이 항상 성립한다.

---

4) $a > b$라 해도 같은 방법으로 증가를 보일 수 있으므로 $b > a$ 일때만 보이는 것으로 충분할 때 사용하는 어구이다.

5) 증가의 정의가 도함수가 양수라는 조건으로 잘못 아는 경우가 있다. 증가의 정의는 $b > a$일 때 $f(b) > f(a)$ 이어야한다는 것이다. 미분과 상관없음 유의!

(i) $n = 1$일 때,

$$\sum_{k=1}^{1} \frac{k}{2^k} \times (k+1)! = 1, \ \frac{(1+2)!}{2^1} - 2 = 1 \text{ 이므로 준식은 성립한다.}$$

(ii) $n = m$일 때 준식이 성립한다고 가정하자. 양변에 $\dfrac{m+1}{2^{m+1}} \times (m+2)!$을 더하면

(좌변)$= \displaystyle\sum_{k=1}^{m+1} \frac{k}{2^k} \times (k+1)!$, (우변)$= \dfrac{(m+3)!}{2^{m+1}} - 2$ 이므로 $n = m+1$일 때도 성립한다.

따라서 수학적 귀납법에 의하여 모든 자연수 n에 대하여 준식이 항상 성립한다.

수학적 귀납법

i) $n = 1$일 때,

$$\sum_{k=1}^{1} \frac{1}{(2k-1)2k} = \frac{1}{1 \times 2} \text{ 이고, } \sum_{k=1}^{1} \frac{1}{1+k} = \frac{1}{2} \text{ 이므로, 준식은 성립한다.}$$

ii) $n = m$일 때 문제의 준식이 성립한다고 가정하자.

양변에 $\dfrac{1}{(2m+1)(2m+2)}$ 을 더하면

(좌변)$= \displaystyle\sum_{k=1}^{m+1} \frac{1}{(2k-1)(2k)}$, (우변)$= \displaystyle\sum_{k=1}^{m+1} \frac{1}{m+1+k}$ 이므로 문제의 준식이 $n = m+1$일 때도 성립한다.

따라서 수학적 귀납법에 의하여 모든 자연수 n에 대하여 준식이 항상 성립한다.

cf. (우변) 계산을 직접 해봐야만 주의할 점을 체감할 수 있다.

직접증명법 : 텔레스코핑

$$\sum_{k=1}^{n} \frac{1}{(2k-1)2k} = \sum_{k=1}^{n}\left(\frac{1}{2k-1}-\frac{1}{2k}\right)$$

$$= \left(1+\frac{1}{3}+\frac{1}{5}+\frac{1}{7}+\cdots+\frac{1}{2n-1}\right)-\left(\frac{1}{2}+\frac{1}{4}+\frac{1}{6}+\cdots+\frac{1}{2n}\right)$$

$$= \left(1+\frac{1}{3}+\cdots+\frac{1}{2n-1}\right)+\left(\frac{1}{2}+\frac{1}{4}++\cdots+\frac{1}{2n}\right)-\left(\frac{1}{2}+\frac{1}{4}++\cdots+\frac{1}{2n}\right)\times 2$$

$$= \left(1+\frac{1}{3}+\cdots+\frac{1}{2n-1}\right)+\left(\frac{1}{2}+\frac{1}{4}+\cdots+\frac{1}{2n}\right)-\left(\frac{1}{1}+\frac{1}{2}+\cdots+\frac{1}{n}\right)$$

$$= \left(1+\frac{1}{2}+\frac{1}{3}+\frac{1}{4}+\cdots+\frac{1}{2n}\right)-\left(\frac{1}{1}+\frac{1}{2}+\frac{1}{3}+\cdots+\frac{1}{n}\right)$$

$$= \frac{1}{n+1}+\frac{1}{n+2}+\cdots+\frac{1}{2n} = \sum_{k=1}^{n}\frac{1}{n+k}$$

> **spoiler**
>
> 이 문제는 나중에 이렇게 발전됩니다.
>
> $$1-\frac{1}{2}+\frac{1}{3}-\frac{1}{4}+\cdots=\ln 2 \text{ 임을 보이시오.}$$

텔레스코핑6)

[1] Pass

[2] $\displaystyle\sum_{k=1}^{n} k(k+1)(k+2)\cdots(k+m+1) = \sum_{k=0}^{n} k(k+1)(k+2)\cdots(k+m)(k+m+1)$

$$= \sum_{k=1}^{n+1}(k-1)k(k+1)\cdots(k+m-1)(k+m)$$

$$= n(n+1)\cdots(n+m+1)+\sum_{k=1}^{n}(k-1)k\cdots(k+m-1)(k+m)$$

$$= n(n+1)\cdots(n+m+1)+\sum_{k=1}^{n}k(k+1)\cdots(k+m)(k+m+1)$$

$$\qquad\qquad -(m+2)\sum_{k=1}^{n}k(k+1)\cdots(k+m)$$

이므로, 마지막 등호에 의해 양변에서 $\displaystyle\sum_{k=1}^{n} k(k+1)(k+2)\cdots(k+m+1)$을 소거해주면

$$\sum_{k=1}^{n} k(k+1)(k+2)\cdots(k+m) = \frac{n(n+1)(n+2)\cdots(n+m+1)}{m+2} \text{ 임을 알 수 있다.}$$

추측 후 수학적 귀납법

$a_1 = \dfrac{3}{1}$ 이고, $a_{n+1} + \dfrac{2}{a_n} = 3$에서 $a_2 + \dfrac{2}{3} = 3$, $a_2 = \dfrac{7}{3}$

$n = 2, 3$을 대입하며 반복해서 구해보면 $a_3 + \dfrac{6}{7} = 3$, $a_3 = \dfrac{15}{7}$ 이고 $a_4 + \dfrac{14}{15} = 3, a_4 = \dfrac{31}{15}$ 이다.

위 결과를 통해 규칙을 추측해 보면 $a_n = \dfrac{2^{n+1}-1}{2^n-1}$ 로 추론할 수 있다.

(cf. 1, 3, 7, 15, 31 등과 같은 수는 2^k (k는 자연수) 에서 1을 뺀 값이니까)

우리가 추론한 수열 $\{a_n\}$의 일반항이 $a_n = \dfrac{2^{n+1}-1}{2^n-1}$ 인 것을 수학적 귀납법으로 증명해 보도록 하자.

(i) $n = 1$일 때, $a_1 = \dfrac{2^{1+1}-1}{2^1-1} = \dfrac{3}{1}$ 이므로, 준식은 성립한다.

(ii) $n = m$일 때, 문제의 준식이 성립한다고 가정하자.

$\quad a_{m+1} + \dfrac{2}{a_m} = 3$이고 $a_m = \dfrac{2^{m+1}-1}{2^m-1}$ 이므로 $a_{m+1} + 2 \times \dfrac{2^m-1}{2^{m+1}-1} = 3$이고, 이를 정리하면

$\quad a_{m+1} = 3 - 2 \times \dfrac{2^m-1}{2^{m+1}-1} = \dfrac{2 \times 2^{m+1}-1}{2^{m+1}-1} = \dfrac{2^{m+2}-1}{2^{m+1}-1}$ 이다.

따라서 문제의 준식이 $n = m+1$일 때도 성립한다.

따라서 수학적 귀납법에 의하여 모든 자연수 n에 대하여 $a_n = \dfrac{2^{n+1}-1}{2^n-1}$ 이다.

$\sqrt{2}$ 가 유리수라고 가정하자.

$\sqrt{2}$ 가 유리수이므로, 서로소인 자연수 a, b에 대하여 $\sqrt{2} = \dfrac{a}{b}$ $(b \neq 0)$로 나타낼 수 있다.

$2 = \dfrac{a^2}{b^2}$ 이므로, $a^2 = 2b^2$이다. b^2은 자연수이므로 a^2이 짝수이고 a는 짝수이다. 따라서 $a = 2k$로 둘 수 있다.

(k는 자연수)

이 결과를 식에 대입하면 $4k^2 = 2b^2$에서 $b^2 = 2k^2$, 즉 b^2이 짝수이므로 b도 짝수이다.[7]

따라서 자연수 a와 b가 모두 짝수라는 결론이 나오는데, 이는 a와 b가 서로소라는 사실과 모순이다.

따라서 $\sqrt{2}$ 는 무리수이다.

---

6) 이편 뒤의 수열 Part에서 소개하고 있다.

7) 본 증명은 대우법에서 다룰 예정이다.

소수의 개수가 유한하다고 가정하자.

모든 소수의 집합 $P = \{p_1, p_2, \cdots, p_n\}$에 대하여 어떤 자연수 $a = p_1 \times p_2 \times p_3 \times ... \times p_n + 1$를 생각하자.

이 자연수 a는 모든 소수 $p_1, p_2, ... \, p_n$ 으로 나누어떨어지지 않으므로 소수이다.

그런데 $a \notin P$이므로, 모든 소수를 원소로 하는 집합 P의 정의와 모순이다. 따라서 소수는 무한하다.

$\sin x = 0$을 만족하는 연속된 두 근을 x_1, x_2 $(x_1 < x_2)$라 할 때,

구간 (x_1, x_2)에서 방정식 $\cos x = 0$의 근이 존재하지 않는다고 가정하자. … ①

함수 $y = \sin x$는 실수 전체의 집합에서 미분가능하고 연속이므로, 롤의 정리에 의해

$\dfrac{\sin x_1 - \sin x_2}{x_1 - x_2} = 0 = \cos c$ $(x_1 < c < x_2)$인 c가 구간 (x_1, x_2)사이에 적어도 하나 존재한다.

이는 ①과 모순이므로, $\sin x = 0$을 만족하는 연속된 두 근 x_1, x_2에 대하여

구간 (x_1, x_2)에서 방정식 $\cos x = 0$의 근이 적어도 하나 존재한다.

$\cos x = 0$을 만족하는 연속된 두 근을 x_3, x_4라 한 후 마찬가지 방식으로 논리를 전개한다면, 최종적으로 두 방정식

$\cos x = 0$과 $\sin x = 0$의 모든 해는 번갈아 나와야 함을 알 수 있다.

대우명제) "자연수 n에 대하여 n이 홀수이면, n^2이 홀수이다." 를 보이자.

$n = 2k - 1$ (단, k는 자연수) 로 두면, $n^2 = 4k^2 - 4k + 1 = 2(2k^2 - 2k) + 1$이므로 n^2은 홀수이다.

따라서 대우명제가 참이므로 본 명제도 참이다.

$f(a) \neq 0$ 이라 가정하면, 조건 (ㄱ)에서 $x=0$ 을 대입할 수 있는데 $\{f(a)\}^2 < 0$ 이 나오므로 모순이다. 즉 $f(a) = 0$ 이다.[8]

한편 조건 (ㄱ)의 대우명제는 '$f(a+x)f(a-x) \geq 0$ 이면 $f(a+x) = 0$' 이며 이 역시 참이다. 이 명제에 $x = a-4$ 를 대입했을 때 $f(a+x)f(a-x) \geq 0$ 를 만족하므로 $f(a+a-4) = f(2a-4) = 0$ 이다.

따라서 $f(a) = 0$, $f(4) = 0$, $f(2a-4) = 0$ 이므로 $f(x) = \{x - (2a-4)\}(x-a)(x-4)$ 이다.

대우명제 : $\tan x$ 가 유리수일 때, x 는 0 이거나 무리수이다.

가 참임을 이용하면, $\tan \pi = 0$ 이므로 π 는 0 또는 무리수이다. 그런데 $\pi \neq 0$ 이므로, π 는 무리수이다.

---

8) 이 부분도 귀류법에 해당한다. 이렇듯 귀류법은 다양한 곳에서 자연스럽게 활용된다.

삼각함수와 활용

$a_{n+1} = a_n + 2^n$에 $n = 1, 2, 3, \cdots, n$을 차례대로 대입하면

$a_2 = a_1 + 2$

$a_3 = a_2 + 2^2$

$a_4 = a_3 + 2^3$

$\cdots$

$a_{n+1} = a_n + 2^n$

이고, 양변을 변변 더하면

$a_2 + \cdots + a_{n+1} = a_1 + a_2 + \cdots + a_n + 2 + 2^2 + 2^3 + 2^4 + \cdots + 2^n$ 이므로

$a_{n+1} = a_1 + 2 + 2^2 + 2^3 + 2^4 + \cdots + 2^n = 1 + \dfrac{2(2^n - 1)}{2 - 1} = 2^{n+1} - 1$이다.

따라서, 수열 $\{a_n\}$의 일반항은 $a_n = 2^n - 1$이다.

$a_{n+1} = \dfrac{n}{n+2}a_n$에 $n = 1, 2, 3, \cdots, n$을 차례대로 대입하면

$a_2 = \dfrac{1}{3}a_1$

$a_3 = \dfrac{2}{4}a_2$

$\cdots$

$a_{n+1} = \dfrac{n}{n+2}a_n$

이고, 양변을 변변 곱하면

$a_2 \times a_3 \times a_4 \times \cdots \times a_{n+1} = \dfrac{1}{3} \times \dfrac{2}{4} \times \dfrac{3}{5} \times \cdots \times \dfrac{n}{n+2} \times a_1 \times a_2 \times \cdots \times a_n$ 이므로,

$a_{n+1} = \dfrac{1}{3} \times \dfrac{2}{4} \times \dfrac{3}{5} \times \cdots \times \dfrac{n}{n+2} \times a_1 = \dfrac{1 \times 2 \times 3 \times \cdots \times n}{3 \times 4 \times 5 \times \cdots \times (n+2)} \times a_1$ 이다.

따라서, 수열 $\{a_n\}$의 일반항은 $a_n = \dfrac{1}{n(n+1)}$ 이다.[9]

$a_2 + a_1 = -1, a_2 = -2$
$a_3 + a_2 = 1, a_3 = 3$
$a_4 + a_3 = -1, a_4 = -4$에서, $a_n = n \times (-1)^{n+1}$로 유추할 수 있다.

이를 수학적 귀납법으로 증명해 보도록 하자.

i) $a_1 = (-1)^2 \times 1 = 1$이므로, $n = 1$일 때 준식이 잘 성립한다.

ii) $n = m$일 때 $a_m = m \times (-1)^{m+1}$이라 가정하자.
$\quad a_{m+1} + a_m = (-1)^m$에 $a_m = m \times (-1)^{m+1}$을 대입하면

$$a_{m+1} = (-1)^m - (-1)^{m+1}m$$
$$= (-1)^{m+2} + (-1)^{m+2}m$$
$$= (-1)^{m+2}(m+1)$$

이므로 $n = m+1$일 때도 준식이 잘 성립한다.

따라서, 수학적 귀납법에 의해 모든 자연수 n에 대하여 준식이 항상 성립한다.

---

9) 양변에 $(n+1)(n+2)$를 곱해서 푸는 방법도 있다.

$a_{n+1} = 3a_n - 4 = 3(a_n - 2) + 2$를 정리하면 $a_{n+1} - 2 = 3(a_n - 2)$이다.

$b_n = a_n - 2$로 두면 $b_{n+1} = 3b_n$이므로 수열 $\{b_n\}$은 첫번째 항이 $8 - 2 = 6$이고 공비가 3인 등비수열이다.

따라서 $b_n = 6 \times 3^{n-1}$이고 $a_n = 6 \times 3^{n-1} + 2 = 2 \times 3^n + 2$이다.

점화식에 $n = 1, 2, 3, \cdots$ 을 대입해보면 $a_1 = 0 = \cos\dfrac{\pi}{2}$, $a_2 = \sqrt{\dfrac{1+0}{2}} = \dfrac{\sqrt{2}}{2} = \cos\dfrac{\pi}{4}$,

$a_3 = \sqrt{\dfrac{1 + \dfrac{\sqrt{2}}{2}}{2}} = \sqrt{\dfrac{2 + \sqrt{2}}{4}} = \cos\dfrac{\pi}{8}$에서 $a_n = \cos\dfrac{\pi}{2^n}$로 추측할 수 있다.

이를 수학적 귀납법으로 증명하자.

i) $n = 1$일 때, $a_1 = \cos\dfrac{\pi}{2} = 0$이므로, $n = 1$일 때 준식이 성립한다.

ii) $n = m$일 때 준 식이 성립한다고 가정하자.

$$a_{m+1} = \sqrt{\dfrac{1 + a_m}{2}} = \sqrt{\dfrac{1 + \cos\dfrac{\pi}{2^m}}{2}}$$

$$= \sqrt{\dfrac{1 + \cos\left(2 \times \dfrac{\pi}{2^{m+1}}\right)}{2}}$$

$$= \sqrt{\dfrac{1 + \cos^2\dfrac{\pi}{2^{m+1}} - \sin^2\dfrac{\pi}{2^{m+1}}}{2}} \quad (\cos 2x = \cos^2 x - \sin^2 x \text{ 활용})$$

$$= \cos\dfrac{\pi}{2^{m+1}} \text{ 이므로, } n = m+1 \text{일 때도 준식이 성립한다.}$$

따라서 수학적 귀납법에 의하여 모든 자연수 n에 대하여 $a_n = \cos\dfrac{\pi}{2^n}$이 성립한다.

$a_n = \dfrac{1}{2^{n-1}\sin\dfrac{\pi}{2^n}}$ 임을 수학적 귀납법으로 보이자.

(i) $n = 1$일 때 $a_1 = \dfrac{1}{\sin\dfrac{\pi}{2}} = 1$이므로, $n = 1$일 때 준식이 잘 성립한다.

(ii) $n = m$일 때 $a_m = \dfrac{1}{2^{m-1}\sin\dfrac{\pi}{2^m}}$ 라 가정하면,

$$a_{m+1} = \left(\cos\dfrac{\pi}{2^{m+1}}\right)\dfrac{1}{2^{m-1} \times \sin\dfrac{\pi}{2^m}} = \dfrac{\cos\dfrac{\pi}{2^{m+1}}}{2^{m-1} \times 2\sin\dfrac{\pi}{2^{m+1}}\cos\dfrac{\pi}{2^{m+1}}} = \dfrac{1}{2^m \times \sin\dfrac{\pi}{2^{m+1}}}$$

이므로, $n = m + 1$일 때에도 주어진 식이 잘 성립한다.

따라서 수학적 귀납법에 의하여 모든 자연수 n에 대하여 준식이 항상 성립한다.

이제 $\displaystyle\lim_{n\to\infty} a_n = \lim_{n\to\infty} \dfrac{1}{2^{n-1}\sin\dfrac{\pi}{2^n}}$ 을 구하자.

$\displaystyle\lim_{n\to\infty} \dfrac{1}{2^{n-1}\sin\dfrac{\pi}{2^n}}$ 에서 $\dfrac{1}{2^n} = t$로 치환하면, $\displaystyle\lim_{n\to\infty} \dfrac{1}{2^{n-1}\sin\dfrac{\pi}{2^n}} = \lim_{t\to 0+} \dfrac{2t}{\sin\pi t}$ 이고,

$\displaystyle\lim_{t\to 0+} \dfrac{\sin t}{t} = 1$이므로 $\displaystyle\lim_{t\to 0+} \dfrac{2t}{\sin\pi t} = \dfrac{2}{\pi}$ 이다.

미분풀이

$\dfrac{a_n}{b_n} = \dfrac{(n^2 - 12n + 37)^2}{(2n+1)^2} = \left(\dfrac{n^2 - 12n + 37}{2n+1}\right)^2$ 이므로 $\dfrac{a_n}{b_n}$ 이 최소가 되려면 $\dfrac{n^2 - 12n + 37}{2n+1}$ 이 최소가 되어야 한다.

$f(x) = \dfrac{x^2 - 12x + 37}{2x+1}$ 라 하면

도함수는 $f'(x) = \dfrac{(2x-12)(2x+1) - (x^2 - 12x + 37) \times 2}{(2x+1)^2} = \dfrac{2(x^2 + x - 43)}{(2x+1)^2}$ 이다.

$x^2 + x - 43 = 0$ 의 $x > 0$ 에서의 근을 구하면 $x = \dfrac{-1 + \sqrt{173}}{2}$ 이다. $0 < x < \dfrac{-1 + \sqrt{173}}{2}$ 일 때

$f'(x) < 0$ 이고 $x > \dfrac{-1 + \sqrt{173}}{2}$ 일 때 $f'(x) > 0$ 이므로 $x = \dfrac{-1 + \sqrt{173}}{2}$ 에서 $f(x)$ 가

최소가 되는 것을 알 수 있다.

한편 $13 < \sqrt{173} < 14$ 를 이용하면 $6 < \dfrac{-1 + \sqrt{173}}{2} < \dfrac{13}{2} < 7$ 임을 알 수 있다.

따라서 $n = 6$ 또는 $n = 7$ 인 경우 $\dfrac{a_n}{b_n}$ 가 최소가 된다. $\dfrac{a_6}{b_6} = \dfrac{1}{13^2} < \dfrac{4}{15^2} = \dfrac{a_7}{b_7}$ 이므로 $n = 6$ 일 때

최솟값 $\dfrac{a_6}{b_6} = \dfrac{1}{13^2}$ 을 갖는다.

대체풀이

$c_n = \dfrac{n^2 - 12n + 37}{2n+1}$ 로 두자. c_n 이 최솟값이 되기 위해서는 먼저 부등식 $c_{n-1} \geq c_n$ 을 만족시켜야 한다.

$c_{n-1} = \dfrac{n^2 - 14n + 50}{2n-1}$ 이므로, 부등식 $\dfrac{n^2 - 14n + 50}{2n-1} \geq \dfrac{n^2 - 12n + 37}{2n+1}$ 을 풀면,

$(n^2 - 14n + 50)(2n+1) \geq (n^2 - 12n + 37)(2n-1)$ 에서,

$2n^3 - 27n^2 + 86n + 50 \geq 2n^3 - 25n^2 + 86n - 37$ 이고, 이를 정리하면 $2n^2 \leq 87$ 이므로,

이 부등식을 만족시키는 자연수 n 은 $1 \leq n \leq 6$ 이다.

한편, 부등식 $c_{n-1} \geq c_n$ 에 n 에 $n+1$ 을 대입한 뒤에 부등호 방향을 바꾸면 부등식 $c_n \leq c_{n+1}$ 을 푸는 것과 같다.[10]

따라서 $c_n \leq c_{n+1}$ 을 풀면 $2(n+1)^2 \geq 87$ 이고, 이 부등식을 만족시키는 자연수 n 은 $n \geq 6$ 이다.

따라서, 두 부등식을 동시에 만족시키는 자연수 n 은 6 뿐이므로 c_n 이 최소가 되는 n 의 후보 역시 6 뿐이다.

따라서 $n = 6$ 일 때 최소이다.

(만약 두 부등식을 동시에 만족시키는 n 이 여러 개가 있다면, 미분풀이 때처럼 대입해서 확인해줘야 한다.)

---

10) 제출답안으로는 부족한 표현이다. 여러분의 학습의 윤활을 돕는 Comment 정도로 생각할 것.

(1) $\displaystyle\sum_{k=1}^{n} \frac{1}{\sqrt{k+1}+\sqrt{k}} = \sum_{k=1}^{n} \frac{\sqrt{k+1}-\sqrt{k}}{1}$

$\qquad\qquad\qquad\quad = \left(\sqrt{2}-1+\sqrt{3}-\sqrt{2}+\cdots+\sqrt{n+1}-\sqrt{n}\right) = \sqrt{n+1}-1$

(2) $\displaystyle\sum_{k=1}^{n} \frac{1}{k(k+1)(k+2)} = \frac{1}{2}\sum_{k=1}^{n}\left\{\frac{1}{k(k+1)}-\frac{1}{(k+1)(k+2)}\right\}$

$\qquad\qquad\qquad\qquad\quad = \frac{1}{2}\left\{\left(\frac{1}{2}-\frac{1}{2\times 3}\right)+\left(\frac{1}{2\times 3}-\frac{1}{3\times 4}\right)\cdots+\left(\frac{1}{n(n+1)}-\frac{1}{(n+1)(n+2)}\right)\right\}$

$\qquad\qquad\qquad\qquad\quad = \frac{1}{2}\left\{\frac{1}{2}-\frac{1}{(n+1)(n+2)}\right\}$

(3) $\displaystyle\sum_{k=1}^{n} \frac{1}{(k+1)\sqrt{k}+k\sqrt{k+1}} = \sum_{k=1}^{n}\left\{\frac{1}{\sqrt{k(k+1)}}\left(\frac{1}{\sqrt{k}+\sqrt{k+1}}\right)\right\}$

$\qquad\qquad\qquad\qquad\qquad\quad = \sum_{k=1}^{n}\left(\frac{1}{\sqrt{k}}-\frac{1}{\sqrt{k+1}}\right) = 1-\frac{1}{\sqrt{n+1}}$

(4) $\displaystyle\sum_{k=1}^{n} \frac{1}{(k+1)(k-1)!} = \sum_{k=1}^{n}\frac{k}{(k+1)!}$

$\qquad\qquad\qquad\quad = \sum_{k=1}^{n}\frac{k+1-1}{(k+1)!}$

$\qquad\qquad\qquad\quad = \sum_{k=1}^{n}\left(\frac{1}{k!}-\frac{1}{(k+1)!}\right) = 1-\frac{1}{(n+1)!}$

(5) $\displaystyle\sum_{k=1}^{n} k\times k! = \sum_{k=1}^{n}(k+1-1)k! = \sum_{k=1}^{n}\{(k+1)!-k!\} = (n+1)!-1!$

(6) $\displaystyle\sum_{k=1}^{n}(k^2+1)k! = \sum_{k=1}^{n}\{k(k+1)-(k-1)\}k!$

$\qquad\qquad\qquad\quad = \sum_{k=1}^{n}\{k(k+1)!-(k-1)k!\} = n(n+1)!$

(7) $\displaystyle\sum_{k=1}^{n}(k^2+k+1)k! = \sum_{k=1}^{n}\{(k+1)^2-k\}k!$

$\qquad\qquad\qquad\qquad = \sum_{k=1}^{n}\{(k+1)\times(k+1)!-k\times k!\} = (n+1)(n+1)!-1$

위의 아이디어와 유사하게, 항등식 $(k+1)^5 - k^5 = 5k^4 + 10k^3 + 10k^2 + 5k + 1$을 잡고 여기에
$k = 1, 2, 3, \cdots, n$을 차례대로 대입하면 다음과 같다.

$$k = 1일 \text{ 때}, \quad 2^5 - 1^5 = 5 \times 1^4 + 10 \times 1^3 + 10 \times 1^2 + 5 \times 1 + 1$$
$$k = 2일 \text{ 때}, \quad 3^5 - 2^5 = 5 \times 2^4 + 10 \times 2^3 + 10 \times 2^2 + 5 \times 2 + 1$$
$$\cdots$$
$$k = n일 \text{ 때}, \quad (n+1)^5 - n^5 = 5 \times n^4 + 10 \times n^3 + 10 \times n^2 + 5 \times n + 1$$

이 n개의 등식을 변변 더하면,

$$(n+1)^5 - 1 = \sum_{k=1}^{n} 5k^4 + \sum_{k=1}^{n} 10k^3 + \sum_{k=1}^{n} 10k^2 + \sum_{k=1}^{n} 5k + \sum_{k=1}^{n} 1 \text{에서},$$

$$n^5 + 5n^4 + 10n^3 + 10n^2 + 5n = 5 \times \sum_{k=1}^{n} k^4 + 10 \times \left\{ \frac{n(n+1)}{2} \right\}^2 + \frac{10n(n+1)(2n+1)}{6} + \frac{5n(n+1)}{2} + n$$

이므로, 이를 정리하면 $\displaystyle\sum_{k=1}^{n} k^4 = \dfrac{n(n+1)(2n+1)(3n^2+3n-1)}{30}$ 을 얻는다.

도형

해설
1

보조선 AC를 긋자.

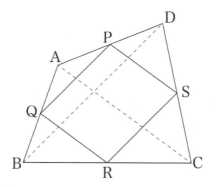

삼각형 ABC에서 중점연결정리에 의하여 선분 QR는 AC에 평행하며 길이는 $\frac{1}{2}$배이다. 또한 삼각형 ACD에서 중점

연결정리에 의하여 선분 PS는 AC에 평행하며 길이는 $\frac{1}{2}$배이다.

따라서 두 선분 QR, PS는 평행하며 길이가 같고, 자연스럽게 두 선분 PQ, RS의 길이가 같고 서로 평행함을 알 수 있다. (이 부분은 보조선 BD를 그어서 위와 같은 과정처럼 확인해봐도 좋다.)
이는 사각형 PQRS가 평행사변형임을 의미하므로 증명 끝.

+ 여기서 더 나아가서,
두 점 P, Q가 두 선분 AD, AB를 $m:n$으로 내분하는 점이고 두 점 S, R이 두 선분 CD, CB를 $m:n$으로 내분하는 점일 때도 마찬가지로 사각형 PQRS가 평행사변형임을 증명할 수 있어야 한다.

[1]

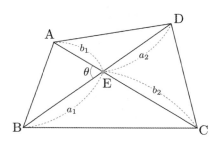

사각형의 넓이를 S라 하면

$$S = \triangle ABE + \triangle BCE + \triangle CDE + \triangle DAE$$

$$= \frac{1}{2}(a_1 b_1 + a_2 b_2)\sin\theta + \frac{1}{2}(a_1 b_2 + a_2 b_1)\sin(\pi - \theta)$$

$$= \frac{1}{2}(a_1 b_1 + a_1 b_2 + a_2 b_2 + a_2 b_1)\sin\theta$$

$$= \frac{1}{2}(a_1 + a_2)(b_1 + b_2)\sin\theta = \frac{1}{2}ab\sin\theta \text{ 이다.}$$

[2]

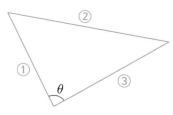

구하려는 값은 $S = \frac{1}{2} \times ① \times ③ \times \sin\theta$ 이다. $\cdots$ ⓐ

그림과 같이 삼각형 ABC의 두 변의 중점을 각각 M_1, M_2라 하면 사각형 ABM_1M_2의 넓이는 중점연결정리에

의하여 $4 \times \frac{3}{4} = 3$이다. $\cdots$ ⓑ

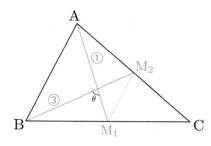

한편 사각형 ABM_1M_2의 넓이는 **[1]**과 같이 $\frac{1}{2} \times ① \times ③ \times \sin\theta$ 로도 구할 수 있으므로 ⓐ, ⓑ 에 의하여 $S = 3$

임을 알 수 있다.

앞서 배운 성질을 떠올리면 (원 밖의 한 점에서 원에 그은 접선의 성질)

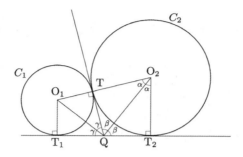

$\angle\,\mathrm{TQO_1} = \angle\,\mathrm{T_1QO_1} = \gamma,\ \angle\,\mathrm{O_2QT} = \angle\,\mathrm{O_2QT_2} = \beta,\ \angle\,\mathrm{QO_2T} = \angle\,\mathrm{QO_2T_2} = \alpha$ 임을 알 수 있다.

한편, $\angle\,\mathrm{O_1TQ} = 90\,^\circ$ 이고 $2\beta + 2\gamma = 180\,^\circ\ \ \alpha + \beta = 90\,^\circ$ 이므로, 삼각형 $\mathrm{O_1QO_2}$ 만 따로 떼어 살펴보면 다음과 같이 각도를 표현할 수 있다.

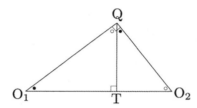

삼각형의 닮음에 의해, $\overline{\mathrm{O_1T}} \times \overline{\mathrm{O_2T}} = \overline{\mathrm{QT}}^{\,2}$ 임을 알 수 있다. 그런데 $\overline{\mathrm{O_1T}} = r_1,\ \overline{\mathrm{O_2T}} = r_2$ 이므로 $\overline{\mathrm{QT}} = \sqrt{r_1 r_2}$ 이다.

[1]

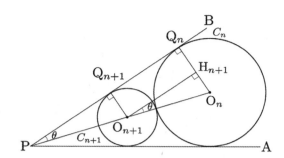

원 C_n과 C_{n+1}의 중심을 각각 O_n과 O_{n+1}라 하자. 점 O_{n+1}에서 직선 PB에 내린 수선의 발을 Q_{n+1}, 점 O_n에서 직선 PA에 내린 수선의 발을 Q_n이라 하자. 그리고, 점 O_{n+1}에서 직선 O_nQ_n에 내린 수선의 발을 H_{n+1}이라 하면 $\overline{O_{n+1}O_n} = r_n + r_{n+1}$이고, $\overline{O_nH_{n+1}} = r_n - r_{n+1}$이다.

한편, $\angle H_{n+1}O_{n+1}O_n = \theta$이므로, $\sin\theta = \dfrac{r_n - r_{n+1}}{r_n + r_{n+1}}$이다. 정리하면

$r_{n+1} = \dfrac{1 - \sin\theta}{1 + \sin\theta} r_n$이고, $r_{n+1} = cr_n$이다. ($\because \theta$가 결정 되어있는 상황이므로, $\dfrac{1 - \sin\theta}{1 + \sin\theta} = c$는 상수)

따라서 수열 $\{r_n\}$은 등비수열이다.

cf. 여기까진 수학1 내용으로 충분히 보일 수 있는 부분이고, 이러한 상황에서 n을 무한대로 보내면 미적분에서 배우는 등비급수 관련 문제를 출제할 수 있게 된다.

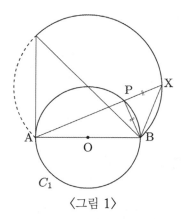

〈그림 1〉

일반성을 잃지 않고 점 P가 선분 AB보다 위쪽에 있다고 가정한 후 구한 자취의 길이의 2배를 해주면 정답이 된다.
(∵ 점 P가 아래쪽에 있을 때엔 선분 AB에 대한 대칭 상황이고, 두 상황이 중복되는 경우는 없으므로)
∠APB는 원 C_1의 지름 AB에 대한 원주각이므로, ∠APB = 90°이다. 삼각형 XPB는 이등변삼각형이므로,
∠AXB 의 크기는 45°로 일정하다.
원주각에 성질에 의해, 점 X는 점 A,B를 포함하는 어떤 원 위에 있으므로, 점 X가 그리는 자취는 원의 일부이다.

점 P가 점 A일 때는 선분 XA가 원 C_1과 점 A에서 접한다는 조건을 이용하면, 점 X가 그리는 자취는 〈그림 1〉과 같이 그려진다.

한편, 점 P에서 선분 AB에 내린 수선의 발이 점 O일 때의 점 P의 위치를 점 P′으로 정의하자.

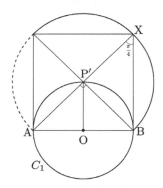

∠AP′B = 90°이고, ∠AXB = 45°로 일정함을 보였으므로, $\frac{1}{2}$∠AP′B = ∠AXB에서, 원주각의 성질에 의해 점 X가 그리는 원의 중심이 P′임을 알 수 있다.
따라서, 점 X가 그리는 자취는 중심이 P′이고, 반지름의 길이가 $\overline{P'B}$인 반원이므로, 점 X가 그리는 자취의 길이는 $\sqrt{2}\,\pi$이다. 이것의 두 배를 한 $2\sqrt{2}\,\pi$가 최종정답.

$\angle \text{BAC} = \theta$, $\overline{\text{AC}} = a$라 하면 삼각형 ABC에서 코사인법칙에 의하여

$$\overline{\text{BC}}^2 = \overline{\text{AB}}^2 + \overline{\text{AC}}^2 - 2 \times \overline{\text{AB}} \times \overline{\text{AC}} \times \cos\theta$$

즉, $2^2 = 3^2 + a^2 - 2 \times 3 \times a \times \dfrac{7}{8}$, $a^2 - \dfrac{21}{4}a + 5 = 0$ 이므로 $a = 4$ ($\because a > 3$)

$$\therefore \overline{\text{AM}} = \overline{\text{CM}} = \frac{a}{2} = 2.$$

같은 방법으로 삼각형 ABM에서 코사인법칙에 의하여

$$\overline{\text{MB}}^2 = \overline{\text{AB}}^2 + \overline{\text{AM}}^2 - 2 \times \overline{\text{AB}} \times \overline{\text{AM}} \times \cos\theta$$

$$= 3^2 + 2^2 - 2 \times 3 \times 2 \times \frac{7}{8} = \frac{5}{2} \text{ 이므로 } \overline{\text{MB}} = \sqrt{\frac{5}{2}} = \frac{\sqrt{10}}{2} \text{ 이다.}$$

이 때 두 삼각형 ABM, DCM은 서로 닮은 도형이므로 (＝할선정리)

$\overline{\text{MA}} \times \overline{\text{MC}} = \overline{\text{MB}} \times \overline{\text{MD}}$ 에서 $2 \times 2 = \dfrac{\sqrt{10}}{2} \times \overline{\text{MD}}$ 이다. 따라서 $\overline{\text{MD}} = \dfrac{8}{\sqrt{10}} = \dfrac{4\sqrt{10}}{5}$ 이다.

원 C_1에서 $\overline{\text{PA}} \times \overline{\text{PB}} = \overline{\text{PE}} \times \overline{\text{PF}}$를 만족시키고, 원 C_2에서 $\overline{\text{PC}} \times \overline{\text{PD}} = \overline{\text{PE}} \times \overline{\text{PF}}$를 만족시키므로 $\overline{\text{PA}} \times \overline{\text{PB}} = \overline{\text{PC}} \times \overline{\text{PD}}$ 이 성립한다. 따라서 할선정리의 역에 의하여 네 점 A, B, C, D를 동시에 지나는 한 원이 존재한다.

원 C_1에서 $\overline{\text{PA}} \times \overline{\text{PB}} = (\overline{\text{PE}})^2$를 만족시키고, 원 C_2에서 $\overline{\text{PC}} \times \overline{\text{PD}} = (\overline{\text{PE}})^2$를 만족시키므로 $\overline{\text{PA}} \times \overline{\text{PB}} = \overline{\text{PC}} \times \overline{\text{PD}}$ 이 성립한다. 따라서 할선정리의 역에 의하여 네 점 A, B, C, D를 동시에 지나는 한 원이 존재한다.

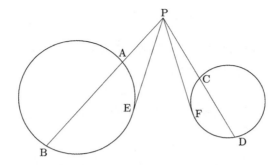

점 P에서 두 원에 그은 접선과의 접점을 각각 E, F라 하자.

원 C_1에서 $\overline{PA} \times \overline{PB} = (\overline{PE})^2$를 만족시키고, 원 C_2에서 $\overline{PC} \times \overline{PD} = (\overline{PF})^2$를 만족시키므로 $(\overline{PE})^2 = (\overline{PF})^2$, $\overline{PE} = \overline{PF}$를 만족해야한다.

즉, 점 P에서 두 원에 그은 접선의 길이가 같아야 성립함을 알 수 있다.

[1] 제시문 (가)에 의해 $\overline{OP_2} \le \overline{OP_1} + \overline{P_1P_2} = 30$, $\overline{OP_2} \ge \overline{P_1P_2} - \overline{OP_1} = 10$이다.

$10 \le \overline{OP_2} \le 30$인 좌표평면의 점 P_2에 대하여 제시문 (가)에 의하여 $\overline{OP_1} = 10$, $\overline{P_1P_2} = 20$인 P_1이 존재한다.

따라서 주어진 집합은 $S = \{P \mid 10 \le \overline{OP} \le 30\}$와 같고, 넓이가 800π이다.

[2] 조건을 만족하는 점 P_3의 집합을 T라고 하자. 제시문 (가)에 의해

$$\overline{OP_3} \le \overline{OP_2} + \overline{P_2P_3} \le (\overline{OP_1} + \overline{P_1P_2}) + \overline{P_1P_3} \le a_1 + a_2 + a_3$$

이다. $\overline{OP_3}$의 최댓값은 O, P_1, P_2, P_3가 직선 위에 이 순서대로 놓여있을 때이고,

이때, $\overline{OP_3} = a_1 + a_2 + a_3 = 9$를 만족하므로 조건을 만족할 때 $a_1 + a_2 + a_3 = 9$이어야 한다.

(i) $P \in T$이고 $\overline{OA} = \overline{OP}$라고 가정하자. 그러면 점 A는 점 P를 원점을 중심으로 회전해서 얻어진다.

이때 $\overline{OP_1} = a_1$, $\overline{P_1P_2} = a_2$, $\overline{P_2P_3} = a_3$가 되는 두 점 P_1, P_2가 존재하는데 같은 회전에 의해서

P_1, P_2가 옮겨진 점을 각각 A_1, A_2라고 하면 $\overline{OP_1} = a_1$, $\overline{A_1A_2} = a_2$, $\overline{A_2A} = a_3$이므로 $A \in T$이다.

(ii) $P \in T$이고 $\overline{OP} < r < a_1 + a_2 + a_3$라고 가정하자. 정의에 의하여 $\overline{OP_1} = a_1$, $\overline{P_1P_2} = a_2$,

$\overline{P_2P_3} = a_3$인 두 점 P_1, P_2가 존재하며, $\angle OP_1P_2 = \alpha_1$, $\angle P_1P_2P_3 = \alpha_2$라고 하자.

$\alpha_1 \le \theta \le \pi$인 임의의 실수 θ에 대하여 $\overline{P_1P_2'} = a_2$, $\overline{P_2'P_3'} = a_3$, $\angle OP_1P_2' = \theta$, $\angle P_1P_2'P_3' = \alpha_2$인

점 P_2', P_3'를 잡아서 $f(\theta) = \overline{OP_3'}$라고 정의하자. 마찬가지로,

$\alpha_2 \le \theta \le \pi$인 임의의 실수 θ에 대하여 $\overline{P_1P_2'} = a_2$, $\overline{P_2'P_3'} = a_3$, $\angle OP_1P_2' = \pi$, $\angle P_1P_2'P_3' = \theta$인

점 P_2', P_3'를 잡아서 $g(\theta) = \overline{OP_3'}$라고 정의하자.

그러면 $f(\alpha_1) = \overline{OP}$, $f(\pi) = g(\alpha_2)$, $g(\pi) = a_1 + a_2 + a_3$이고 $f(\theta)$와 $g(\theta)$는 연속함수이므로 사잇값

정리에 의하여 $g(t) = r$인 t $(\alpha_1 < t \le \pi)$ 또는 $g(t) = r$인 t $(\alpha_2 < t \le \pi)$가 존재한다.

따라서 $\overline{OP_3'} = r$인 어떤 점 P_3'는 집합 T의 원소이다.

(i), (ii)에 의하여 $T = \{P \mid \overline{OP} \le 9\}$일 필요충분조건은 $a_1 + a_2 + a_3 = 9$이고 $O \in T$인 것이다.

$O \in T$이려면 $\overline{OP_1} = a_1$, $\overline{P_1P_2} = a_2$, $\overline{P_2P_3} = a_3$가 되는 두 점 P_1, P_2가 존재해야 하며 이는 세 자연수

$a_1 + a_2 + a_3$ 중에 가장 큰 것 a가 다른 두 자연수의 합 $9 - a$보다 작거나 같을 때이다.

따라서 자연수 a_1, a_2, a_3가 조건을 만족하려면 $a_1 + a_2 + a_3 = 9$이고, a_1, a_2, $a_3 \le 4$이어야 한다.

순서쌍 (a_1, a_2, a_3)의 개수를 세기 위해, a_1, a_2, a_3 중 하나가 5 이상인 것을 빼면

$_3H_0 - 3 \times {_2H_0} - 3 \times {_2H_1} - 3 \times {_2H_2} = {_8C_2} - 3 \times {_1C_1} - 3 \times {_2C_1} - 3 \times {_3C_1} = 10$개다.

(또는 중복조합을 쓰지 않고 순서쌍의 개수를 일일이 모두 세어도 된다.)

도움영상

Show
and
Prove

1

수리논술을 위한 Basic logic & 수학 1

실전논제 해설 모음

$$\lim_{n \to \infty} \sqrt{n}\, a_n = \lim_{n \to \infty} \left(1 + \frac{1}{n}\right)^{-\frac{n}{2}} = \frac{1}{\sqrt{e}} \text{ 이므로 } \lim_{n \to \infty} a_n = 0,\ \lim_{n \to \infty} \sqrt{n}\, a_n = \frac{1}{\sqrt{e}} \text{ 이고}$$

수열의 극한의 성질에 의해 $\lim_{n \to \infty} \sqrt{n}\, b_n = \dfrac{1}{\sqrt{e}}$ ···①, $\lim_{n \to \infty} b_n = 0$ 이므로 $\lim_{n \to \infty} \dfrac{\ln(1 + b_n)}{b_n} = 1$ ···② 이다.

따라서 $\lim_{n \to \infty} \sqrt{n}\, \ln(1 + b_n) = \lim_{n \to \infty} \left(\sqrt{n}\, b_n \times \dfrac{\ln(1 + b_n)}{b_n}\right) = \dfrac{1}{\sqrt{e}}$ ($\because$ ①, ②)이다.

해설의 마지막 줄에서 $\lim_{n \to \infty} \left(\sqrt{n}\, b_n \times \dfrac{\ln(1 + b_n)}{b_n}\right)$을 $\lim_{n \to \infty} \sqrt{n}\, b_n \times \lim_{n \to \infty} \dfrac{\ln(1 + b_n)}{b_n}$으로 표현하는 것은

두 극한 $\lim_{n \to \infty} \sqrt{n}\, b_n$, $\lim_{n \to \infty} \dfrac{\ln(1 + b_n)}{b_n}$이 각각 수렴할 때만 표현할 수 있다고 교과서에 명시돼있기 때문에, ①, ②
의 극한이 수렴함을 미리 구해놔야 함을 확인하자.

보통 마지막 결과값을 구하는 과정을 매끈하게 설명하기 위해 ①, ②의 극한값 같은 것들을 미리 구해놓는 센스는 필수가 아닌 선택의 영역이지만, 이 문제에서 이러한 센스는 선택이 아닌 필수이다.

> **TIP**
>
> 문제를 푸는 당시에는 미리 구해놔야 하는 값들과 정보가 무엇이 있는지 모르는 것이 당연하다.
> 하지만 문제를 다 푼 상태에서 답안을 쓸 때, 내 답안이 매끄럽게 읽히는 것뿐만 아니라 논리적 하자가 없는 답안이 되기 위해서 미리 작성해 놔야 하는 필요 정보들이 무엇이 있는지 파악 후 답안을 작성하는 것을 잘하는 학생이 논술을 잘하는 학생이다.
>
> 이는 선천적인 수학적 머리보다 후천적인 노력에 달린 영역에 해당한다고 생각한다.
> 따라서 독자들은 수리논술 공부와 답안 첨삭을 꾸준히 하며 실력을 증진시키도록 하자.

[1] 먼저 $f(x) > b$이면, $f(x) > b > a$ 이므로, $h(f(x)-a)+a = a$이고, $h(f(x)-b)+b = b$이다. 따라서 부등식이 성립한다.

이제 $a < f(x) \leq b$이면, $h(f(x)-a)+a = a$이고, $h(f(x)-b)+b = f(x)-b+b = f(x)$이다. 따라서 부등식은 성립한다.

마지막으로 $f(x) \leq a$이면, $f(x) \leq a < b$이므로 $h(f(x)-a)+a = f(x)-a+a = f(x)$이고, $h(f(x)-b) = b = f(x)-b+b = f(x)$이다. 따라서 부등식은 성립한다.

[2]

(i) 명제 : '함수 $f(x)$가 모든 실수 x에 대하여 $h(f(x)-7)+7 \leq h(f(x)-5)+5$이면 $f(x) \leq 5$' 임을 귀류법을 이용하여 보이자.

결론을 부정하여 어떤 실수 c에 대하여 $f(c) > 5$라고 가정하자. 그러면 $h(f(c)-5)+5 = 5$이다. 한편, $5 < f(c) \leq 7$일 때 $h(f(c)-7)+7 = f(c)$ 이고 $f(c) > 7$일 때, $h(f(c)-7)+7 = 7$ 인데 $f(c)$, 7 모두 5보다 큰 수이므로 $h(f(c)-7)+7 > h(f(c)-5)+5$ 임을 알 수 있다. 이는 위 명제의 전제에 $x = c$를 대입한 식 $h(f(c)-7)+7 \leq h(f(c)-5)+5$ 과 모순이므로, 귀류법에 의하여 위 명제를 증명할 수 있었다.

(ii) 명제 : '함수 $f(x)$가 모든 실수 x에 대하여 $f(x) \leq 5$이면 $h(f(x)-7)+7 \leq h(f(x)-5)+5$' 임을 보이자.

$f(x) \leq 5 < 7$이므로, 모든 실수 x에 대하여 $h(f(x)-7)+7 = f(x) = h(f(x)-5)+5$가 성립한다. 따라서 모든 실수 x에 대하여 $f(x) \leq 5$일 때 $h(f(x)-7)+7 \leq h(f(x)-5)+5$가 성립한다.

(i), (ii)에 의하여 '모든 실수 x에 대하여 $h(f(x)-7)+7 \leq h(f(x)-5)+5$'와 '모든 실수 x에 대하여 $f(x) \leq 5$'가 서로 필요충분조건임을 보였다.

✓ **TIP**

〈논제2〉는 제시문과 해설을 비교해서 읽어보면 완벽히 제시문과 문제접근방식이 판박이인 문제임을 알 수 있다.[11] 이렇게 친절한 제시문이 나왔을 경우는 무작정 문제에 머리부터 박지 말고

'이걸 어떻게 활용해서 문제를 풀까?'

란 고민을 꼭 해보기 바란다.

---

11) 물론, 제시문처럼 보이는 것보단 해설답안처럼 보이는 것이 더 증명문법에 어울리는 답안이긴 하다. 둘의 차이를 느껴보면 좋을 듯 :)

[1] $G(x) = \displaystyle\int_1^x g(t)dt$라 정의하면 $G(x)$는 임의의 실수 x에 대하여 $G(x) \geq 0$이며

$G(1) = 0$이다. 따라서 $G(x)$는 $x = 1$에서 극솟값 0을 가진다. 그런데 $G(x)$는 미분가능한 함수이므로

$G'(1) = 0$이고, 적분과 미분의 관계를 이용하면 $G'(x) = g(x)$이므로 $g(1) = G'(1) = 0$이다.

$f(x) = g(x)e^{-x}$이므로 $f(1) = g(1)e^{-1} = 0$이다.

[2] **[1]**의 결과와 조건 (나)로부터 $f(1) = f(3) = 0$이다. 만일 방정식 $f(x) = 0$의 실근 $x = 3$이 중근이 아니면

$x = 3$을 경계로 함수 $g(x)$의 부호가 바뀌므로 $g(x)$는 $x = 3$에서 극솟값을 가질 수 없다. 따라서 조건 (나)에

의해 $f(x) = (x-1)(x-3)^2$이다.

이때 $g(x) = (x-1)(x-3)^2 e^x$이고 $g'(x) = (x+1)(x-2)(x-3)e^x$, $g''(x) = (x-1)(x^2-7)e^x$이다.

이를 이용하여 증감표를 작성하면 $g(x)$는 $x = -1$, 3에서 극소, $x = 2$에서 극대이며 $x = 1$, $\pm\sqrt{7}$에서

변곡점을 갖는다.

$g(1) = g(3) = 0$이고 $x < 1$일 때 $g(x) < 0$이므로 함수 $y = g(x)$의 그래프는 다음과 같다.

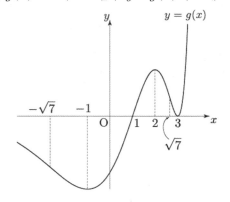

[3] 방정식 $g'(t) = \dfrac{g(x+1) - g(t)}{x - t}$는 $g'(t)(x-t) + g(t) = g(x+1)$ $(x \neq t)$와 같으므로

$h(t)$는 곡선 $y = g(x)$ 위의 점 $(t, g(t))$에서의 접선이 곡선 $y = g(x+1)$과 만나는 점 중 $(t, g(t))$가 아닌 점

의 개수이다. 그래프를 이용하여 구간 $[2, 3]$에 속하는 t중에서 $h(t) = 2$를 만족시키는 t를 찾으면 된다. 일단

$t = 2$일 때 아래 그림과 같이 점 $(2, g(2))$에서의 접선이 곡선 $y = g(x+1)$과 두 점에서 만나며, 그 두 점의 x

좌표는 2가 아니다. 따라서 $h(2) = 2$이다.

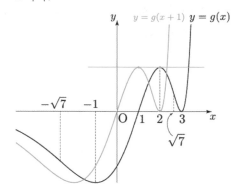

이제 $t > 2$인 경우를 생각하기 위해 t를 조금씩 증가시켜 보면 곡선 $y = g(x)$ 위의 점 $(t, g(t))$

에서의 접선의 기울기는 음수이며 점점 감소하다가 변곡점인 $(\sqrt{7}, g(\sqrt{7}))$에서 최소가 된다.

이때까지의 접선은 곡선 $y = g(x+1)$과 계속 한 점에서만 만난다. 그 이후에는 기울기가 다시 증가하기 시작하지만 기울기는 여전히 음수이고 접선의 곡선 $y = g(x+1)$과 한동안 계속 한 점에서만 만나게 된다. 그렇지만 결국 아래 그림과 같이 곡선 $y = g(x)$ 위의 점 $(\alpha, \ g(\alpha))$에서의 접선이 곡선 $y = g(x+1)$과도 접하게 되는 α가 $\sqrt{7}$과 3 사이에 유일하게 존재하며, 이때 접선과

곡선 $y = g(x+1)$은 서로 다른 두 점에서 만난다. 이 경우 $\dfrac{5}{2} < \sqrt{7} < \alpha < 3$이므로

$(\alpha-3)^2 < (\alpha-2)^2$이고 다음이 성립한다.

$$g(\alpha) = (\alpha-1)(\alpha-3)^2 e^\alpha < \alpha(\alpha-2)^2 e^{\alpha+1} = g(\alpha+1)$$

따라서 아래 그림에서 점 $(\alpha, \ g(\alpha))$에서의 접선과 곡선 $y = g(x+1)$이 만나는 두 점의 x좌표는 모두 α보다 작다. 그러므로 $2 < t < \alpha$일 때 $h(t) \le 1$이고, $h(\alpha) = 2$이다.

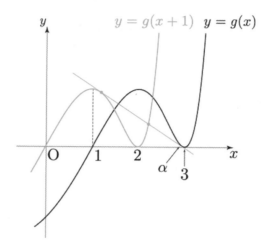

$\alpha < t < 3$인 경우에는 곡선 $y = g(x)$ 위의 점 $(t, \ g(t))$에서의 접선이 곡선 $y = g(x+1)$과 서로 다른 세 점에서 만나며, 그래프를 통해 위 그림과 비교하여 보면 그 세 점의 x좌표는 모두 t보다 작은 것을 쉽게 알 수 있다. 즉, 이 경우 $h(t) = 3$이다. $t = 3$일 때는 아래 그림과 같이 점 $(3, \ g(3))$에서의 접선이 곡선 $y = g(x+1)$과 두 점에서 만나며 두 점의 x좌표는 모두 3보다 작다. 그러므로 $h(3) = 2$이다.

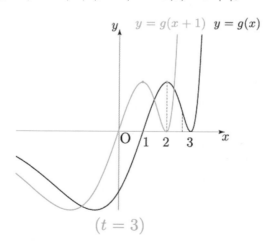

$(t = 3)$

결국 $h(t) = 2$를 만족시키는 $t \in [2, \ 3]$은 $t = 2, \ \alpha, \ 3$일 뿐이므로 $h(t) = 2$를 만족시키는 t의 개수는 3이다.

[1] 귀류법

만약 $x_m = x_{m+l}$ 인 자연수 m 과 l 이 존재한다고 가정하면,

$$\frac{1}{p(x_m)} + \sum_{k=1}^{m-1} \frac{1}{x_k} = 1 \text{ 이고 } \frac{1}{p(x_{m+l})} + \sum_{k=1}^{m+l-1} \frac{1}{x_k} = 1 \text{ 이므로}$$

$$\frac{1}{p(x_m)} + \sum_{k=1}^{m-1} \frac{1}{x_k} = 1 = \frac{1}{p(x_{m+l})} + \sum_{k=1}^{m+l-1} \frac{1}{x_k} \Rightarrow \frac{1}{p(x_m)} - \frac{1}{p(x_{m+l})} = \sum_{k=m}^{m+l-1} \frac{1}{x_k} \quad \text{이다.}$$

$p(x_m) = p(x_{m+l})$ 이므로 $\sum_{k=m}^{m+l-1} \frac{1}{x_k} = 0$ 인데 이는 모순이다.

그러므로 $x_m = x_{m+l}$ 인 자연수 m 과 l 은 존재하지 않는다.

[2] 1번에서 모든 자연수 n 에 대하여 $x_n \neq x_{n+1}$ 이므로 임의의 x_n 에 대하여

$$\frac{1}{p(x_n)} - \frac{1}{p(x_{n+1})} = \frac{1}{x_n} > 0$$

이므로 $p(x_n) < p(x_{n+1})$ 이다. 따라서 $p(x_n)$ 은 자연수의 함숫값을 갖는 n 에 대한 증가함수이므로 $\lim_{n \to \infty} p(x_n)$ 은 발산한다.

$\sin 1^\circ$, $\cos 1^\circ$ 가 모두 유리수라고 가정하면 $\tan 1^\circ = \dfrac{\sin 1^\circ}{\cos 1^\circ}$ 도 유리수이다.

따라서 $\tan 2^\circ = \tan(1^\circ + 1^\circ) = \dfrac{\tan 1^\circ + \tan 1^\circ}{1 - \tan 1^\circ \tan 1^\circ}$ 역시 유리수이다.

마찬가지 방법으로

$\tan 4^\circ = \tan(2^\circ + 2^\circ) = \dfrac{\tan 2^\circ + \tan 2^\circ}{1 - \tan 2^\circ \tan 2^\circ}$ 도 유리수,

$\tan 8^\circ = \tan(4^\circ + 4^\circ) = \dfrac{\tan 4^\circ + \tan 4^\circ}{1 - \tan 4^\circ \tan 4^\circ}$ 도 유리수,

$\tan 16^\circ = \tan(8^\circ + 8^\circ) = \dfrac{\tan 8^\circ + \tan 8^\circ}{1 - \tan 8^\circ \tan 8^\circ}$ 도 유리수,

$\tan 32^\circ = \tan(16^\circ + 16^\circ) = \dfrac{\tan 16^\circ + \tan 16^\circ}{1 - \tan 16^\circ \tan 16^\circ}$ 도 유리수,

$\tan 30^\circ = \tan(32^\circ + (-2^\circ)) = \dfrac{\tan 32^\circ - \tan 2^\circ}{1 + \tan 32^\circ \tan 2^\circ}$ 도 유리수인데 $\tan 30^\circ = \dfrac{1}{\sqrt{3}}$ 이므로

무리수이고, 이는 모순이다.

따라서 귀류법에 의하여 $\sin 1^\circ$, $\cos 1^\circ$ 중 적어도 하나는 무리수이다.

[1] 함수 $g(x)$를 $g(x) = f(x) - x$ 라고 하자.

$$g(x) = x^3 - px^2 + (p-1)x = x(x-1)(x-p+1)$$

이므로 $g(x) = 0$ 의 근은 $x = 0, \ 1, \ p-1$ 이고 $1 < p < 2$ 이므로 $0 < p-1 < 1$ 이다.

최고차항의 계수가 양수이고 삼차방정식이 서로 다른 세 근을 갖는 삼차함수의 그 래프의 성질에 의해

$0 < x < p-1$ 에서 $g(x) > 0$ 이고, $p-1 < x < 1$ 에서 $g(x) < 0$ 이다.

따라서 $0 < x < p-1$ 에서 $f(x) > x$ 이고 $p-1 < x < 1$ 에서 $f(x) < x$ 이고, 구하는 β 는 $p-1$ 이다.

[2] i) $n = 1$ 일 때, $0 < a_1 < 1$ 이 성립한다.

ii) $n = k$ 일 때, $0 < a_k < 1$ 을 가정하자.

$a_{k+1} = f(a_k)$ 이므로 $0 < f(a_k) < 1$ 을 보이면 $0 < a_{k+1} < 1$ 이 성립한다.

$f'(x) = 3x^2 - 2px + p$ 이고, 이차방정식 $3x^2 - 2px + p = 0$ 의 판별식 D에 대하여

$\dfrac{D}{4} = p^2 - 3p = p(p-3)$ 이 $1 < p < 2$ 에서 $\dfrac{D}{4} < 0$ 이므로 $f'(x) = 3x^2 - 2px + p > 0$ 이다.

따라서 함수 $f(x)$ 가 구간 $(-\infty, \ \infty)$ 에서 증가한다.

한편 $f(0) = 0$, $f(1) = 1$ 이므로 $0 < x < 1$ 일 때, $0 < f(x) < 1$ 인데, 가정에 의하여 $0 < a_k < 1$ 이므로 $0 < f(a_k) = a_{k+1} < 1$ 이다.

따라서 수학적 귀납법에 의해 모든 자연수 n 에 대하여 $0 < a_n < 1$ 이 성립한다.

[3] **[1]**의 결과로부터 $\beta = p-1$ 이고 $0 < a_1 < \beta$ 인 경우와 $\beta < a_1 < 1$ 인 경우로 나누어 수열의 부등식이 성립함을 보이자.

i) $0 < a_1 < \beta$ 인 경우

$n = 1$ 일 때, $0 < a_1 < \beta$ 가 성립한다.

$n = k$ 일 때, $0 < a_k < \beta$ 를 가정하자. **[2]**의 풀이로부터 $f(x)$ 가 구간 $(-\infty, \ \infty)$ 에서 증가하므로

$f(0) < f(a_k) < f(\beta)$ 이다. $f(0) = 0$, $f(\beta) = \beta$ 이므로 $0 < a_{k+1} < \beta$ 이다.

따라서 수학적 귀납법에 의해 모든 자연수 n 에 대하여 $0 < a_n < \beta$ 이다.

ii) $\beta < a_1 < 1$ 인 경우

$n = 1$ 일 때, $\beta < a_1 < 1$ 가 성립한다.

$n = k$ 일 때, $\beta < a_k < 1$ 를 가정하자. **[2]**의 풀이로부터 $f(x)$ 가 구간 $(-\infty, \ \infty)$ 에서 증가하므로

$f(\beta) < f(a_k) < f(1)$ 이다. $f(1) = 1$, $f(\beta) = \beta$ 이므로 $\beta < a_{k+1} < 1$ 이다.

따라서 수학적 귀납법에 의해 모든 자연수 n 에 대하여 $\beta < a_n < 1$ 이다.

[4] **[3]**과 마찬가지로 $0 < a_1 < \beta$ 인 경우와 $\beta < a_1 < 1$ 인 경우로 나누어 수열의 부등식이 성립함을 보인다.

i) $0 < a_1 < \beta$ 인 경우

    [3]의 결과에 의해 모든 자연수 n에 대하여 $0 < a_n < \beta$ 이다.

    [1]의 결과에 의해 $0 < x < \beta$ 이면 $f(x) > x$ 이므로 $f(a_n) > a_n$ 이다.

    따라서 모든 자연수 n에 대하여 $a_{n+1} = f(a_n) > a_n$ 이 성립한다.

ii) $\beta < a_1 < 1$ 인 경우

    [3]의 결과에 의해 모든 자연수 n에 대하여 $\beta < a_n < 1$ 이다.

    [1]의 결과에 의해 $\beta < x < 1$ 이면 $f(x) < x$ 이므로 $f(a_n) < a_n$ 이다.

    따라서 모든 자연수 n에 대하여 $a_{n+1} = f(a_n) < a_n$ 이 성립한다.

논제 7

[1] $f(x) = (x^3 + 1)Q(x) + ax^2 + bx + c$ 라 하자. (단, $Q(x)$는 다항식이고 a, b, c는 상수이다.)

이때 $x^3 + 1 = (x+1)(x^2 - x + 1)$ 이므로

$f(x) = (x^2 - x + 1)(x+1)Q(x) + a(x^2 - x + 1) + (a+b)x + (-a+c)$

$f(x)$를 $x^2 - x + 1$로 나눈 나머지는 $x - 1$ 이므로

    $a + b = 1 \cdots$ ①, $\quad -a + c = -1 \qquad \cdots$ ②

이다. 또한 $f(x)$를 $x + 1$로 나눈 나머지가 -1 이므로 $f(-1) = a - b + c = -1 \cdots$ ③ 이다.

①, ②, ③을 연립하면 $a = \dfrac{1}{3}$, $b = \dfrac{2}{3}$, $c = -\dfrac{2}{3}$.

그러므로 $f(x)$를 $x^3 + 1$로 나눈 나머지는 $\dfrac{1}{3}x^2 + \dfrac{2}{3}x - \dfrac{2}{3}$ 이다.

[2] i) $n = 1$일 때 $g^1(x) = x^4 + x - 1 = x(x+1)(x^2 - x + 1) - 1$ 이므로 $g^1(x)$를 $x^2 - x + 1$으로 나눈 나머지는 -1 이다.

ii) $n = k$일 때 $g^k(x)$를 $x^2 - x + 1$으로 나눈 나머지가 -1 이라 가정하자.

    즉, $g^k(x) = (x^2 - x + 1)Q_k(x) - 1$를 만족하는 다항식 $Q_k(x)$가 존재한다.

$$g^{k+1}(x) = g(g^k(x)) = g\big((x^2 - x + 1)Q_k(x) - 1\big)$$
$$= \big\{(x^2 - x + 1)Q_k(x) - 1\big\}^4 + \big\{(x^2 - x + 1)Q_k(x) - 1\big\} - 1$$
$$= (x^2 - x + 1)Q_{k+1}(x) + (-1)^4 + (-1) - 1$$
$$= (x^2 - x + 1)Q_{k+1}(x) - 1$$

를 만족하는 다항식 $Q_{k+1}(x)$가 존재한다. 그러므로 $g^{k+1}(x)$를 $x^2 - x + 1$으로 나눈 나머지는 -1 이다.

따라서 수학적 귀납법에 의해 모든 자연수 n에 대하여 $g^n(x)$를 $x^2 - x + 1$으로 나눈 나머지는 항상 -1로 일정하다.

[1] 선분 OP_1 의 길이는 $\cos\dfrac{\pi}{4} = \dfrac{\sqrt{2}}{2}$ 이고, x 축의 양의 방향과 이루는 각의 크기가 $\dfrac{\pi}{4}$ 이므로, 점 P_1 의 좌표는

$\dfrac{\sqrt{2}}{2}\left(\cos\dfrac{\pi}{4},\ \sin\dfrac{\pi}{4}\right) = \left(\dfrac{1}{2},\ \dfrac{1}{2}\right)$ 이다.

[2] 각 $\angle P_{n-1}OP_n$ 의 크기는 $\dfrac{\pi}{2^{n+1}}$ 이므로 $\angle P_0OP_n$ 의 크기는 $\pi\left(\dfrac{1}{4} + \cdots + \dfrac{1}{2^{n+1}}\right) = \dfrac{\pi}{2} - \dfrac{\pi}{2^{n+1}}$ 이다.

따라서 선분 OP_n 이 x 축의 양의 방향과 이루는 각의 크기는 $\dfrac{\pi}{2^{n+1}}$ 이다.

$\overline{OP_n} = \overline{OP_{n-1}} \times \cos\dfrac{\pi}{2^{n+1}}$ 로부터 $\overline{OP_n}$ 의 값은 $\cos\dfrac{\pi}{4} \times \cdots \times \cos\left(\dfrac{\pi}{2^{n+1}}\right)$ 임을 알 수 있다.

이를 이용하여, 점 P_n 의 y 좌표인 y_n 의 값은 $\cos\dfrac{\pi}{4} \times \cdots \times \cos\left(\dfrac{\pi}{2^{n+1}}\right) \times \sin\left(\dfrac{\pi}{2^{n+1}}\right)$ 이 된다. 이 식에

삼각함수의 배각공식을 적용하면, $y_n = \dfrac{1}{2^n}$ 임을 알 수 있다.

따라서 $\displaystyle\sum_{n=0}^{\infty} y_n = \sum_{n=0}^{\infty} \dfrac{1}{2^n} = 2$ 이다.

[3] **[2]**에 의하여 x_n 의 값은 $\cos\left(\dfrac{\pi}{4}\right) \times \cdots \times \cos\left(\dfrac{\pi}{2^{n+1}}\right) \times \cos\left(\dfrac{\pi}{2^{n+1}}\right)$ 이다.

양변에 $\sin\left(\dfrac{\pi}{2^{n+1}}\right)$ 을 곱하면, $x_n \times \sin\left(\dfrac{\pi}{2^{n+1}}\right) = \dfrac{1}{2^n}\cos\left(\dfrac{\pi}{2^{n+1}}\right)$ 이 된다.

따라서 $\displaystyle\lim_{n\to\infty} x_n = \dfrac{2}{\pi} \times \lim_{n\to\infty} \dfrac{\dfrac{\pi}{2^{n+1}}}{\sin\left(\dfrac{\pi}{2^{n+1}}\right)} \times \cos\left(\dfrac{\pi}{2^{n+1}}\right)$ 이 되고 〈제시문 2〉를 이용하면

$\displaystyle\lim_{n\to\infty} x_n = \dfrac{2}{\pi}$ 을 얻을 수 있다.

[1] $\triangle$AXB의 외접원의 중심을 C, 반지름 길이를 R이라고 하자.

사인법칙에 의해 $\dfrac{2}{\sin(\angle \text{AXB})} = 2R$, $\sin(\angle \text{AXB}) = \dfrac{1}{R}$ 이다. 따라서 $\sin^2(\angle \text{AXB})$의 값 중 가장 큰 값을 구하려면 R의 값이 가장 작은 경우를 생각해야 한다. 반지름 R이 최소가 되기 위해서는 $\triangle$AXB의 외접원이 $y = x$에 접해야 한다.

$\triangle$AXB의 외접원과 $y = x$가 접하는 접점을 D라고 하자. $\overline{\text{OD}}^2 = \overline{\text{OA}} \times \overline{\text{OB}} = 1 \times 3 = 3$이므로 $\overline{\text{OD}} = \sqrt{3}$이다. 점 D가 $y = x$ 위의 점이므로 D$\left(\dfrac{\sqrt{6}}{2}, \dfrac{\sqrt{6}}{2}\right)$이다. 점 D를 지나는 법선과 직선 $x = 2$가 만나는 점이 $\triangle$AXB의 외접원의 중심 C이다. 그러므로 $y = -\left(x - \dfrac{\sqrt{6}}{2}\right) + \dfrac{\sqrt{6}}{2}$와 $x = 2$를 연립하면 C$(2, \sqrt{6} - 2)$를 구할 수 있다. $R^2 = \overline{\text{AC}}^2 = 1 + (\sqrt{6} - 2)^2 = 11 - 4\sqrt{6}$이므로

$$\sin^2(\angle \text{AXB}) \le \left(\dfrac{\overline{\text{AB}}}{2R}\right)^2 = \dfrac{1}{R^2} = \dfrac{1}{11 - 4\sqrt{6}},$$

즉 $\sin^2(\angle \text{AXB})$의 값 중 가장 큰 것은 $\dfrac{1}{11 - 4\sqrt{6}}$이다.

[2] $\triangle$AYB의 외접원의 중심을 P, 반지름 길이를 R이라고 하자. $0 \le \angle \text{AYB} \le \dfrac{\pi}{2}$이므로 $\sin(\angle \text{AYB})$의 값이 가장 클 때, $\angle \text{AYB}$의 값도 가장 크다. 사인법칙에 의해 $\dfrac{2}{\sin(\angle \text{AYB})} = 2R$, $\sin(\angle \text{AYB}) = \dfrac{1}{R}$이다. 따라서 $\angle \text{AYB}$의 값이 가장 큰 경우를 구하려면 R의 값이 가장 작은 경우를 생각해야 한다.

반지름 R이 최소가 되기 위해서는 $\triangle$AYB의 외접원이 원 $x^2 + y^2 = 4^2$에 내접해야 한다. $\triangle$AYB의 외접원과 원 $x^2 + y^2 = 4^2$가 내접하는 점을 D라고 하면, 세 점 O, P, D가 일직선 위에 있다. $\triangle$AYB의 외접원과 직선 OP의 교점 중 점 D가 아닌 점을 점 E라고 하자. 그러면, $\overline{\text{OE}} \cdot \overline{\text{OD}} = \overline{\text{OA}} \cdot \overline{\text{OB}}$이므로

$(4 - 2R) \cdot 4 = 1 \cdot 3$, $R = \dfrac{13}{8}$이다.

점 P에서 x축에 내린 수선의 발을 F라고 하자. $\triangle$PAF가 $\angle \text{AFP} = \dfrac{\pi}{2}$인 직각삼각형이므로 피타고라스 정리에 의해 $\overline{\text{PF}}^2 = \left(\dfrac{13}{8}\right)^2 - 1^2 = \dfrac{105}{64}$이므로 P$\left(2, \dfrac{\sqrt{105}}{8}\right)$이다. 따라서 직선 OP의 방정식은 $y = \dfrac{\sqrt{105}}{16}x$이고, 점 D는 직선 OP와 원 $x^2 + y^2 = 4$의 교점이므로, 두 식을 연립하면 $x = \dfrac{64}{19}$, $y = \dfrac{4\sqrt{105}}{19}$이다. 그러므로 점 D의 좌표는 D$\left(\dfrac{64}{19}, \dfrac{4\sqrt{105}}{19}\right)$이다.

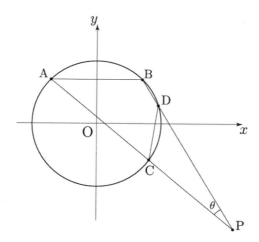

∠APB의 크기를 θ 라 하자. ∠AOB $= \dfrac{\pi}{2}$ 이므로 ∠ACB $= \dfrac{\pi}{4}$ 이다.

삼각형 BCP에서 ∠CBD $= \dfrac{\pi}{4} - \theta$ 이므로, 따라서 ∠COD $= \dfrac{\pi}{2} - 2\theta$ 이다.

$\overline{\text{CD}} = 2$ 이고 원의 반지름 또한 2이므로 ∠COD $= \dfrac{\pi}{3}$ 이다.

따라서 $\dfrac{\pi}{2} - 2\theta = \dfrac{\pi}{3}$ 이고, $\theta = \dfrac{\pi}{12}$ 임을 알 수 있다.

∠APB $= \dfrac{\pi}{12}$ 인 점 P는 현 AB에 대한 원주각이 $\dfrac{\pi}{12}$ 인 원 위에 있다.

따라서 이 원의 반지름 r 이라 하면 $\overline{\text{AP}}$ 는 이 원의 지름이 될 때 가장 큰 값을 갖는다.

점 P의 현 AB에 대한 원주각이 $\dfrac{\pi}{12}$ 이므로 $r \sin \dfrac{\pi}{12} = \dfrac{1}{2} \overline{\text{AB}} = \sqrt{2}$ 이다.

삼각함수의 덧셈정리를 이용하여
$$\sin \frac{\pi}{12} = \sin\left(\frac{\pi}{3} - \frac{\pi}{4}\right) = \sin\frac{\pi}{3}\cos\frac{\pi}{4} - \cos\frac{\pi}{3}\sin\frac{\pi}{4} = \frac{\sqrt{6} - \sqrt{2}}{4}$$
를 얻는다. 따라서
$$r = \sqrt{2} \times \frac{4}{\sqrt{6} - \sqrt{2}} = \sqrt{2}\left(\sqrt{2} + \sqrt{6}\right) = 2 + 2\sqrt{3}$$
이다. 그러므로 $\overline{\text{AP}}$ 의 값 중 가장 큰 것은 $2r = 4 + 4\sqrt{3}$ 이다.

[1] 모든 자연수 n에 대하여

$$\frac{2n}{1+n^2+n^4} = \frac{1}{n^2-n+1} - \frac{1}{n^2+n+1} = \frac{1}{n(n-1)+1} - \frac{1}{(n+1)n+1}$$ 이므로,

$$\frac{4}{1+2^2+2^4} + \frac{6}{1+3^2+3^4} + \frac{8}{1+4^2+4^4} + \cdots + \frac{20}{1+10^2+10^4}$$

$$= \left(\frac{1}{2\times1+1} - \frac{1}{3\times2+1} \right) + \left(\frac{1}{3\times2+1} - \frac{1}{4\times3+1} \right) + \cdots + \left(\frac{1}{10\times9+1} - \frac{1}{11\times10+1} \right)$$

$$= \frac{1}{2\times1+1} - \frac{1}{11\times10+1} = \frac{1}{3} - \frac{1}{111} = \frac{12}{37}$$ 이다.

[2] $a_1 = 2$, $a_{n+1} = a_n + (n^2 + 2n + 2) \times (n+1)!$　$(n = 1, 2, 3, \cdots)$ 으로부터 $a_2 = 12$이다.

따라서 $a_1 = (a+b) \times 1! = 2$ 로부터 $a+b=2$, $a_2 = (4a+2b) \times 2! = 12$ 로부터 $2a+b=3$ 을 알 수 있다.

연립해서 풀면 $a=1$, $b=1$이므로 $(a_1, b_1) = (1, 1)$ 이다.

이제 $a_n = (n^2+n) \times n!$ 임을 수학적귀납법을 이용하여 증명하자.

(i) $n=1$일 때,

$a_1 = (1^2+1) \times 1! = 2$ 이므로 문제 조건에 부합하므로 참이다.

(ii) $n=m$일 때 $a_m = (m^2+m) \times m!$이 성립한다고 가정하자.

$$\begin{aligned} a_{m+1} &= a_m + (m^2+2m+2) \times (m+1)! \\ &= (m^2+m) \times m! + (m^2+2m+2) \times (m+1)! \\ &= (m^2+3m+2) \times (m+1)! \\ &= \{(m+1)^2 + (m+1)\} \times (m+1)! \end{aligned}$$ 이므로 $n=m+1$ 일 때에도 성립한다.

따라서 모든 자연수 n에 대하여 $a_n = (n^2+n) \times n!$가 성립한다.

[1] 아래 그림에서 임의의 $0 < t < \dfrac{\pi}{4}$ 에 대해 $\cos t = \dfrac{1+\cos 2t}{\sqrt{2+2\cos 2t}} = \sqrt{\dfrac{1+\cos 2t}{2}}$ 이다.

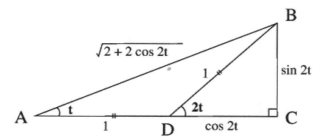

따라서 $f(x) = \sqrt{\dfrac{1+x}{2}}$ 로 할 수 있다.

이때 $f(\cos 0) = \sqrt{\dfrac{1+1}{2}} = 1 = \cos 0$, $f\left(\cos\dfrac{\pi}{2}\right) = \sqrt{\dfrac{1+0}{2}} = \dfrac{1}{\sqrt{2}} = \cos\dfrac{\pi}{4}$ 이므로 $0 \le t \le \dfrac{\pi}{4}$ 일 때,

$\cos t = f(\cos 2t)$ 가 성립한다.

[2] $a_1 = \sqrt{2} = 2\cos\dfrac{\pi}{4} = 2\cos\dfrac{\pi}{2^2}$

$a_2 = \sqrt{2+\sqrt{2}} = \sqrt{2+a_1} = 2\sqrt{\dfrac{1+\cos\dfrac{\pi}{4}}{2}} = 2f\left(\cos\dfrac{\pi}{4}\right) = 2\cos\dfrac{\pi}{8} = 2\cos\dfrac{\pi}{2^3}$

$a_3 = \sqrt{2+\sqrt{2+\sqrt{2}}} = \sqrt{2+a_2} = 2\sqrt{\dfrac{1+\cos\dfrac{\pi}{8}}{2}} = 2f\left(\cos\dfrac{\pi}{8}\right) = 2\cos\dfrac{\pi}{16} = 2\cos\dfrac{\pi}{2^4}$

$\vdots$

로부터 $a_n = 2f\left(\cos\dfrac{\pi}{2^n}\right) = 2\cos\dfrac{\pi}{2^{n+1}}$ 임을 알 수 있다.

따라서 극한값은 $\displaystyle\lim_{n\to\infty} a_n = \lim_{n\to\infty} 2\cos\dfrac{\pi}{2^{n+1}} = 2\times 1 = 2$ 이다.

본권에서 소개한 미분풀이와 대체풀이 중 대체풀이만 먹히는 문제다.

식을 전개하면 $(5+2x)^n = 5^n\left(1+\dfrac{2}{5}x\right)^n = 5^n \sum_{k=0}^{n} {}_nC_k\left(\dfrac{2}{5}\right)^k x^k$ 이므로, $a_k = 5^n\,{}_nC_k\left(\dfrac{2}{5}\right)^k$ 의 값이 최대가 되는 k 값을 구하면 된다. $a_k \geq a_{k+1}$ 이 되는 k 의 조건을 구하자.

먼저 $a_k \geq a_{k+1}$ 이 되는 필요충분조건은 $\dfrac{a_{k+1}}{a_k} \leq 1$ 이다.

$$\frac{a_{k+1}}{a_k} = \frac{5^n \times {}_nC_{k+1} \times \left(\dfrac{2}{5}\right)^{k+1}}{5^n \times {}_nC_k \times \left(\dfrac{2}{5}\right)^k} = \frac{2}{5} \times \frac{n-k}{k+1} \leq 1$$

이다. 따라서 $k \geq \dfrac{2n-5}{7} = \dfrac{115}{7} = 16.4 \cdots$ 이면 $a_k \geq a_{k+1}$ 이다.

마찬가지 방법으로 $k \leq \dfrac{122}{7} = 17.4 \cdots$ 일 때 $a_k \geq a_{k-1}$ 이므로, 계수들의 대소관계는 다음과 같다.

$$a_0 < a_1 < a_2 < \cdots < a_{16} < a_{17} > a_{18} > a_{19} > \cdots > a_{60} \ \text{-----} \ (*)$$

따라서 $k = 17$ 일 때, 계수 a_k 가 가장 크므로 $p = 17$ 이다.

(참고로 $a_{16} < a_{17} > a_{18}$ 의 두 부등식에서 등호가 포함되려면 $16.4\cdots$, $17.4\cdots$ 와 같은 숫자가 자연수가 나올 때이다. $\dfrac{a_{k+1}}{a_k} = 1$, $\dfrac{a_k}{a_{k-1}} = 1$ 인 상황을 의미!)

이제 두 번째 큰 계수를 찾기 위해 식 (*)에서 a_{16} 과 a_{18} 을 비교하면 된다.

$$\frac{a_{18}}{a_{16}} = \frac{5^{60} \times {}_{60}C_{18} \times \left(\dfrac{2}{5}\right)^{18}}{5^{60} \times {}_{60}C_{16} \times \left(\dfrac{2}{5}\right)^{16}} = \frac{44 \times 43}{18 \times 17} \times \frac{4}{25} = \frac{7568}{7650} < 1 \ \text{이므로,} \ a_{18} < a_{16} \ \text{이다.}$$

따라서 두 번째 큰 계수는 a_{16} 이고, $q = 16$ 이다.

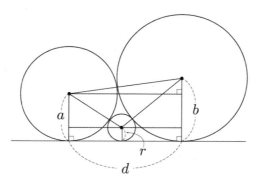

직선 l에 접하는 두 원의 반지름의 길이를 a, b라고 할 때, 이 두 원에 접하고 l에 접하는 원의 반지름의 길이 r를 구하면

$$(a+b)^2 = (a-b)^2 + d^2$$

이므로 $d = 2\sqrt{ab}$이고, $d = \sqrt{(a+r)^2 - (a-r)^2} + \sqrt{(b+r)^2 - (b-r)^2} = 2\sqrt{ab}$ 으로부터

$$\sqrt{r} = \frac{1}{\dfrac{1}{\sqrt{a}} + \dfrac{1}{\sqrt{b}}} \quad \cdots \; (\bigstar)$$

이제 원 C, D에서 시작하여 C_1, C_2, $\cdots$의 각각의 반지름의 길이 r_1, r_2, $\cdots$ 를 생각할 때 $c_n = \dfrac{1}{\sqrt{r_n}}$ 으로 정의하고 $(\bigstar)$를 이용하여 c_n을 계산하자. 원 C_n이 직선 l과 원 C_k, C_m에 접하므로

$$\frac{1}{\sqrt{r_n}} = \frac{1}{\sqrt{r_k}} + \frac{1}{\sqrt{r_m}} = c_n = c_k + c_m$$

A의 영역 중 가장 큰 원부터 채워 넣어야 하므로 c_n이 작은 순서대로 위 계산을 반복해 주면 된다.
다음은 위에서 설명한 과정을 그림으로 나타낸 것이다.

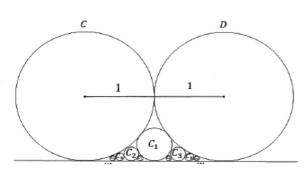

그림1 원 C_n을 생성하는 과정

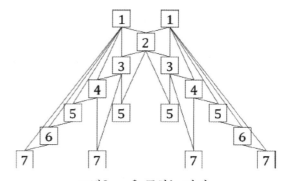

그림2 c_n을 구하는 과정

따라서 $c_{12} = c_{13} = c_{14} = c_{15} = 7$ 이므로 $r_{12} = \left(\dfrac{1}{7}\right)^2 = \dfrac{1}{49}$ 이다.

[1] 일반성을 잃지 않고 삼각형 ABC 와 사각형 PQRS 가 다음 그림과 같이 내접한다고 하자. (cf. 꼭짓점 A 에서 밑변 BC 에 수선의 발을 내릴 수 없다면, 사각형에 내접할 수 없음)

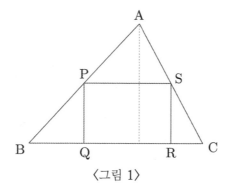

〈그림 1〉

〈그림 1〉에서 삼각형 ABC 의 밑변의 길이를 a, 높이를 h 라 하자. 삼각형 ABC 와 삼각형 APS 는 닮음이고, 닮음비를 $1 : t$ (단, $0 < t < 1$) 라 하면 사각형 PQRS 의 가로의 길이는 ta, 세로의 길이는 $(1-t)h$ 가 된다.

따라서 사각형 PQRS 의 넓이는 $S = S(t) = ta \times (1-t)h = t(1-t)ah$ 이고 $t = \dfrac{1}{2}$ 에서 최댓값 $\dfrac{1}{4}ah$ 를 갖는다. (이때 가로의 길이와 세로의 길이는 각각 $\dfrac{a}{2}$, $\dfrac{h}{2}$ 이다.)

따라서 최대가 되는 직사각형의 넓이는 삼각형 넓이의 $\dfrac{1}{2}$ 이므로 삼각형의 넓이는 $43 \times 2 = 86$ 가 된다.

[2] 일반성을 잃지 않고 삼각형 ABC 와 사각형 PQRS, P′Q′R′S′ 가 다음 그림과 같이 내접한다고 하자.

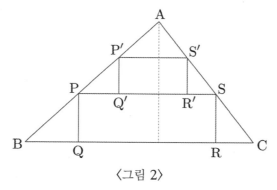

〈그림 2〉

〈그림 2〉에서 삼각형 ABC 의 밑변의 길이를 a, 높이를 h 라 하자. 삼각형 ABC 와 삼각형 APS 는 닮음이고, 닮음비를 $1 : k$ 라고 하자. (단, $0 < k < 1$)
이때 음에 의해 사각형 PQRS 의 가로의 길이는 ka, 세로의 길이는 $(1-k)h$ 가 된다.
사각형 P′Q′R′S′ 는 그림과 같이 삼각형 APS 에 내접해야 한다. 이때 사각형 P′Q′R′S′ 의 넓이가 최대가 되도록 하면, 그 넓이는 **[1]**에 의해 $\dfrac{1}{2}\left(\dfrac{ka \times kh}{2}\right) = \dfrac{ahk^2}{4}$ 이다.

따라서 두 사각형의 넓이의 합은 $S = S(k) = ahk(1-k) + \dfrac{ahk^2}{4} = ah\left(k - \dfrac{3}{4}k^2\right)$ 이고 $k = \dfrac{2}{3}$ 일 때 최댓값 $\dfrac{ah}{3}$ 을 갖는다. 이 때, 삼각형 ABC 에서 사각형 PQRS 와 사각형 P′Q′R′S′ 를 제외한 부분의 넓이는 $\dfrac{ah}{2} - \dfrac{ah}{3} = \dfrac{ah}{6} = 47$ 이므로 삼각형 ABC 의 넓이는 $\dfrac{ah}{2} = \dfrac{6 \times 47}{2} = 141$ 이다.

논제 16

[1] (ⅰ) 선분 I 의 양 끝 점을 두 점 A, B 로 각각 선택하고, $\theta = \dfrac{\pi}{6}$ 가 되도록 y 축의 점 $\mathrm{P}(0, \pm m)\,(m > 0)$ 을 잡으면 m 은 밑변의 길이가 10 이고 두 밑각의 크기가 $\dfrac{5\pi}{12}$ 인 이등변삼각형의 높이이다.

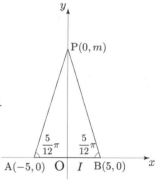

따라서 꼭짓점 $(0, m)$ 은 $\tan\dfrac{5\pi}{12} = \dfrac{m}{5}$ 을 만족하므로 삼각함수의 덧셈정리에 따라

$$m = 5\tan\dfrac{5\pi}{12} = 5\tan\left(\dfrac{\pi}{4} + \dfrac{\pi}{6}\right) = 5\,\dfrac{\tan\dfrac{\pi}{4} + \tan\dfrac{\pi}{6}}{1 - \tan\dfrac{\pi}{4}\tan\dfrac{\pi}{6}} = 5\left(\dfrac{\sqrt{3}+1}{\sqrt{3}-1}\right)$$

(ⅱ) y 축의 점 $\mathrm{P}(0, a)\,\left(|a| > 5\left(\dfrac{\sqrt{3}+1}{\sqrt{3}-1}\right)\right)$ 을 선택하면 선분 I 의 양 끝 점을 두 점 A, B 로 각각 선택하였을 때 θ 의 크기가 가장 크다. 이때 $\triangle \mathrm{PAB}$ 는 두 밑각의 크기가 $\dfrac{5\pi}{12}$ 보다 큰 이등변삼각형이므로 $\theta < \dfrac{\pi}{6}$ 이다. 따라서 이때 점 P 는 집합 J 의 원소가 아니다.

(ⅲ) y 축의 점 $\mathrm{P}(0, a)\,\left(0 < |a| < 5\left(\dfrac{\sqrt{3}+1}{\sqrt{3}-1}\right)\right)$ 을 선택하면 닮은꼴의 성질을 활용하여 $\triangle \mathrm{PAB}$ 가 높이가 $|a|$ 이고 두 밑각의 크기가 $\dfrac{5\pi}{12}$ 인 이등변삼각형이 되도록 선분 I 의 두 점 A, B 를 잡을 수 있다.

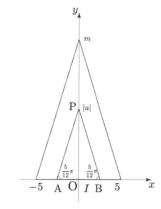

$5 : 5\left(\dfrac{\sqrt{3}+1}{\sqrt{3}-1}\right) = x : |a|$ 에서 $x = \dfrac{|a|(\sqrt{3}-1)}{\sqrt{3}+1}$ 이므로 두 점 A, B 의 좌표는 각각

$$\mathrm{A}\left(\dfrac{-|a|(\sqrt{3}-1)}{\sqrt{3}+1}, 0\right),\ \mathrm{B}\left(\dfrac{|a|(\sqrt{3}-1)}{\sqrt{3}+1}, 0\right)$$

이다.

따라서 구하는 집합 J 는 $J = \left\{(0, y)\,\middle|\, 0 < |y| \le 5\left(\dfrac{\sqrt{3}+1}{\sqrt{3}-1}\right)\right\}$

(ⅰ)~(ⅲ)에서 집합 $J \cup \{(0, 0)\}$ 은 $J = \left\{(0, y)\,\middle|\, |y| \le 5\left(\dfrac{\sqrt{3}+1}{\sqrt{3}-1}\right)\right\}$ 이 되고, 이것이 나타내는 그림의 길이는 $10\left(\dfrac{\sqrt{3}+1}{\sqrt{3}-1}\right)$ 이다.

[2] 선분 I의 양 끝점을 선택하여 $\theta = \dfrac{\pi}{6}$ 가 되도록 하는 좌표평면의 점들을 찾으면 이

점들은 원주각의 성질에 의하여 선분 I를 현으로 하고 원주각이 $\dfrac{\pi}{6}$ 가 되는 원위의

점들이다. 이때 원의 중심은 $\left(0, \pm 5\sqrt{3}\right)$ 이고, 반지름의 길이는 10 이므로 구하는
점 P 의 집합은

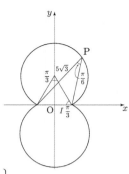

$$S = \left\{(x,y)\,|\,x^2 + (y - 5\sqrt{3})^2 = 10^2,\ y > 0\right\} \cup \left\{(x,y)\,|\,x^2 + (y + 5\sqrt{3})^2 = 10^2,\ y < 0\right\}$$

따라서 집합 $S \cup \{(-5,0),(5,0)\}$ 이 나타내는 그림은 반지름의 길이가 10 이고 중심각이 $\dfrac{5\pi}{3}$ 인 호 두 개가

붙어 있는 형태이므로 구하는 길이는 $2\left(10 \times \dfrac{5\pi}{3}\right) = \dfrac{100\pi}{3}$ 이다.

[3] 문제 **[2]**에서 구한 $S \cup \{(-5,0),(5,0)\}$ 의 내부 중 선분 I 밖에 있는 점들의 집합은
$$B = \left\{(x,y)\,|\,x^2 + (y - 5\sqrt{3})^2 < 10^2,\ y > 0\right\} \cup \left\{(x,y)\,|\,x^2 + (y + 5\sqrt{3})^2 < 10^2,\ y < 0\right\}$$
이다.

ⅰ) 집합 $S \cup \{(-5,0),(5,0)\}$ 외부의 점 P 를 잡으면 선분 I의 양 끝점을
두 점 A , B 로 잡을 때 θ 의 크기가 가장 크다. 이때 점 P 는 집합

$S \cup \{(-5,0),(5,0)\}$ 의 밖에 있으므로 원주각의 성질에 따라 $\theta < \dfrac{\pi}{6}$ 이다.

따라서 이들 점 P 는 집합 V의 원소가 아니다.

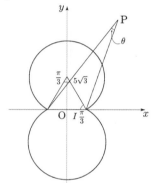

ⅱ) 이제 집합 B의 임의의 한 점 $P(\alpha, \beta),\ (\beta > 0)$가 집합 V의 원소인 것을
다음과 같이 보인다. 문제(2)와 닮음꼴의 성질을 활용하면 이 점이 반지름의 길이가
$10l$ 이고 중심이 $(0, 5\sqrt{3}\,l)$ 인 원위의 점이고, 선분 I의 두 점 $(-5l, 0)$,

$(5l, 0)$ 을 현의 끝점으로 할 때 원주각이 $\dfrac{\pi}{6}$ 가 됨을 알 수 있다.

주어진 조건의 l이 $0 < l < 1$ 인 것을 확인하기 위하여
원의 방정식 $\alpha^2 + (\beta - 5\sqrt{3}\,l)^2 = (10l)^2$ 을 정리하면
$25l^2 + 10\sqrt{3}\,\beta l - (\alpha^2 + \beta^2) = 0$ 이다.
$f(l) = 25l^2 + 10\sqrt{3}\,\beta l - (\alpha^2 + \beta^2)$ 으로 두고 방정식 $f(l)$이 $0 < l < 1$ 인
근을 가지는 것을 보이기로 한다.
$f(0) = -(\alpha^2 + \beta^2) < 0$ 이고 $(\alpha, \beta)\,(\beta > 0)$이 집합 B의 원소이므로
$f(1) = 25 + 10\sqrt{3}\,\beta - (\alpha^2 + \beta^2) = 10^2 - \alpha^2 - (\beta - 5\sqrt{3})^2 > 0$ 이다.

따라서 사잇값 정리에 의하여 $0 < l < 1$ 인 근이 존재한다.
같은 이유로 B의 점 $(\alpha, \beta)\,(\beta < 0)$도 V의 원소이다.

따라서 구하는 집합 V는 집합 $B \cup S$이고 $V \cup I$는 오른쪽 그림처럼 나타나며 반지름의 길이가 10이고 원주각 $\dfrac{5\pi}{3}$인 부채꼴 두 개와 한 변의 길이가 10인 정삼각형이 두 개 있는 모양으로 분해할 수 있다.

따라서 $2\left(\dfrac{1}{2} \times 10^2 \times \dfrac{5\pi}{3} + \dfrac{1}{2} \times \dfrac{\sqrt{3}}{2} \times 10^2\right) = 100\left(\dfrac{5\pi}{3} + \dfrac{\sqrt{3}}{2}\right)$이다.

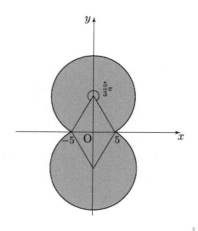

먼저, d_n은 n의 자리수의 합인 것을 관찰할 수 있다. 예를 들어

$$d_{5432} = c_{54320} - 10 \times c_{5432}$$
$$= 5432 + 543 + 54 + 5 - 10(543 + 54 + 5)$$
$$= (5432 - 5430) + (543 - 540) + (54 - 50) + 5$$
$$= 2 + 3 + 4 + 5 = 14$$

일반적으로 $n = a_1 a_2 \cdots a_m = a_1 \times 10^{m-1} + a_2 \times 10^{m-2} + \cdots + a_{m-1} \times 10 + a_m$,

즉 n의 각 자리수가 $a_1, \cdots, a_m$일 때

$$d_n = c_{10n} - 10 c_n$$
$$= \left\{ \left(a_1 \times 10^{m-1} + \cdots + a_m \right) + \left(a_1 \times 10^{m-2} + \cdots + a_{m-1} \right) + \cdots + \left(a_1 \times 10 + a_2 \right) + a_1 \right\}$$
$$- 10 \left\{ \left(a_1 \times 10^{m-2} + \cdots + a_{m-1} \right) + \left(a_1 \times 10^{m-3} + \cdots + a_{m-2} \right) + \cdots + a_1 \right\}$$
$$= \left\{ \left(a_1 \times 10^{m-1} + \cdots + a_m \right) - \left(a_1 \times 10^{m-1} + \cdots + a_{m-1} \times 10 \right) \right\}$$
$$+ \left\{ \left(a_1 \times 10^{m-2} + \cdots + a_{m-1} \right) - \left(a_1 \times 10^{m-2} + \cdots + a_{m-2} \times 10 \right) \right\}$$
$$+ \cdots + \left\{ \left(a_1 \times 10 + a_2 \right) - a_1 \times 10 \right\} + a_1$$
$$= a_m + a_{m-1} + \cdots + a_2 + a_1$$

따라서 $d_n = a_1 + \cdots + a_m$이 성립한다. 즉 d_n은 n자리수의 합이다.

4자리 이하의 음이 아닌 정수 $n = a_1 a_2 a_3 a_4$ (즉 $0 \leq n \leq 9999$인 정수 n) 중에서 $d_n = 8$을 만족하는 것의 개수는 다음을 만족하는 정수들의 개수와 같다.

$$x_1 + x_2 + x_3 + x_4 = 8, \qquad\qquad x_1, x_2, x_3, x_4 \geq 0$$

중복조합을 이용하여 구하면 총 개수는 $_4H_8 = {}_{11}C_3 = \dfrac{11 \times 10 \times 9}{3 \times 2 \times 1} = 165$이다.

이 중에서 첫 번째 자리수가 8인 것은 8000으로 1개가 있는데, 이것은 6200보다 크다.

첫 번째 자리수가 7인 것은 7100, 7010, 7001 이렇게 3개가 있는데, 이들은 모두 6200보다 크다.

첫 번째 자리수가 6인 것은 모두 6200, 6020, 6002, 6110 등 모두 6200 이하이다.

첫 번째 자리수가 5 이하인 것은 모두 6200 이하이다.

따라서 구하는 개수는 $165 - (1 + 3) = 161$개다.

[1] 부등식 $a_{n+1} \geq \dfrac{na_n}{a_n{}^2 + n - 1}$ 을 변형해보면

$$\Rightarrow \frac{1}{a_{n+1}} \leq \frac{a_n{}^2 + n - 1}{na_n}$$

$$\Rightarrow \frac{n}{a_{n+1}} \leq a_n + \frac{n-1}{a_n}$$

$$\Rightarrow \frac{n}{a_{n+1}} - \frac{n-1}{a_n} \leq a_n \text{ 임을 알 수 있다.}$$

[2] 위의 결과를 이용하면,

$a_1 \geq \dfrac{1}{a_2} - \dfrac{0}{a_1}$, $a_2 \geq \dfrac{2}{a_3} - \dfrac{1}{a_2}$, $\cdots$, $a_n \geq \dfrac{n}{a_{n+1}} - \dfrac{n-1}{a_n}$ 을 얻는다.

부등식의 합을 구해 보면,

$$a_1 + a_2 + \cdots + a_n \geq \left(\frac{1}{a_2} - \frac{0}{a_1} \right) + \left(\frac{2}{a_3} - \frac{1}{a_2} \right) + \cdots + \left(\frac{n}{a_{n+1}} - \frac{n-1}{a_n} \right) = \frac{n}{a_{n+1}} \text{ 이다.}$$

[3] (i) $n = 2$일 때, $a_1 \geq \dfrac{1}{a_2}$ 에서 $a_2 \geq \dfrac{1}{a_1}$ 이다. 따라서 $a_1 + a_2 \geq a_1 + \dfrac{1}{a_1} \geq 2$이 성립한다.

(ii) $a_1 + \cdots + a_k \geq k$ 라 가정하자.

ⓐ $a_{k+1} \geq 1$ 이면 $a_1 + a_2 + \cdots + a_k + a_{k+1} \geq k + 1$ 이 성립한다.

ⓑ $a_{k+1} < 1$ 이면

$$a_1 + a_2 + \cdots + a_k + a_{k+1} \geq \frac{k}{a_{k+1}} + a_{k+1}$$

$$= \frac{k-1}{a_{k+1}} + \left(\frac{1}{a_{k+1}} + a_{k+1} \right)$$

$$> k - 1 + (2) = k + 1$$

이 성립한다.

따라서 ⓐ, ⓑ에 의하여 $n = k + 1$일 때에도 부등식 $a_1 + a_2 + \cdots + a_n \geq n$ 이 성립하므로, 수학적 귀납법에 의하여 문제의 부등식이 성립한다.

$1 \leq k \leq n$을 만족시키는 k에 대하여

$k^2 - k = k(k-1) \leq k(k+1) \leq n(k+1)$ 이므로 $n(k+1) - (k^2 - k) \geq 0$이다. $\cdots$ ①

따라서

$2n^2 \leq 2n^2 + n(k+1) - (k^2 - k) = (n+k)(2n+1-k)$ ($\because$ ①) 이므로

$\dfrac{n}{n+k} \times \dfrac{n}{2n+1-k} \leq \left(\dfrac{1}{\sqrt{2}}\right)^2 \cdots$ ② 임을 알 수 있다.

②의 식에 k에 1부터 n까지의 자연수를 대입한 후 n개의 식을 모두 곱하면,

$\left(\dfrac{n^n \times n!}{(2n)!}\right)^2 \leq \left(\dfrac{1}{2}\right)^n$ 이므로, $\dfrac{n^n \times n!}{(2n)!} \leq \left(\dfrac{1}{\sqrt{2}}\right)^n$ 임을 알 수 있다.

따라서 모든 자연수 n에 대하여 부등식 $\dfrac{n^n \times n!}{(2n)!} \leq \left(\dfrac{1}{\sqrt{2}}\right)^n$ 이 성립한다.

[1] (i) $n = 1$ 일 때,

$$\int_0^1 x^m (1-x)\, dx = \int_0^1 x^m\, dx - \int_0^1 x^{m+1}\, dx$$

$$= \frac{1}{m+1} - \frac{1}{m+2} = \frac{1}{(m+1)(m+2)} = \frac{m! \cdot 1!}{(m+2)!}$$

이므로 $p(n)$ 은 성립한다.

(ii) $n = k$ 일 때, $p(n)$ 이 성립한다고 가정하면

$$\int_0^1 x^m (1-x)^{k+1}\, dx = \int_0^1 x^m (1-x)^k (1-x)\, dx$$

$$= \int_0^1 x^m (1-x)^k\, dx - \int_0^1 x^{m+1} (1-x)^k\, dx$$

$$= \frac{m! \cdot k!}{(m+k+1)!} - \frac{(m+1)! \cdot k!}{(m+k+2)!}$$

$$= \frac{m! \cdot k!}{(m+k+2)!}(m+k+2-m-1) = \frac{m! \cdot (k+1)!}{(m+k+2)!}$$

이므로 $n = k+1$ 일 때도 $p(n)$ 이 성립한다.

따라서 수학적 귀납법에 의하여 모든 자연수 n 에 대하여 $p(n)$ 은 성립한다.

기대T Comment : 수학적 귀납법으로 증명했지만, 나중에는 부분적분을 이용해서 직접증명을 할 수 있어야 한다.

[2] 제시문 (ㄴ)의 적분식을 이용하여 제시문 (ㄷ)의 적분을 계산하면,

$$\int_0^1 x^n (1-x)^n \left(1 + 2\sqrt{3}\,cx + \frac{27}{10}c^2 x^2\right) dx$$

$$= \int_0^1 x^n (1-x)^n\, dx + 2\sqrt{3}\,c \int_0^1 x^{n+1} (1-x)^n\, dx + \frac{27}{10}c^2 \int_0^1 x^{n+2} (1-x)^n\, dx$$

$$= \frac{n! \cdot n!}{(2n+1)!} + 2\sqrt{3} \times \frac{(n+1)! \cdot n!}{(2n+2)!} \times c + \frac{27}{10} \times \frac{(n+2)! \cdot n!}{(2n+3)!} \times c^2$$

$$= \frac{n! \cdot n!}{(2n+1)! \cdot (2n+3)} \times \left\{ 2n+3 + (2n+3)\sqrt{3}\,c + \frac{27}{20}(n+2)c^2 \right\}$$

을 얻는다.

따라서 제시문 (ㄷ)의 부등식은 위 괄호 안의 식, 즉 c 에 대한 이차식이 양수이어야 한다는 것과 동치이다.

c^2 의 계수 $\frac{27}{20}(n+2)$ 가 양수이므로, 판별식이 음수가 되어야 한다. 판별식은

$$3(2n+3)^2 - \frac{27}{5}(2n+3)(n+2) = \frac{2n+3}{5}\{15(2n+3) - 27(n+2)\} = \frac{2n+3}{5}(3n-9)$$

이므로, $\frac{2n+3}{5}(3n-9) < 0$ 이기 위해서는 $n < 3$ 이 성립해야 한다.

따라서 제시문 (ㄷ)의 집합 A 는 $\{1, 2\}$ 이다.

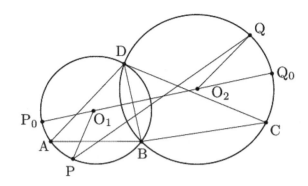

삼각형 ABD 의 외접원의 중심 O_1 과 삼각형 BCD 의 외접원의 중심 O_2 를 지나는 직선이 각 원과 만나는 점을 P_0, Q_0 라 하면, $\overline{P_0Q_0}$ 의 길이가 구하고자 하는 값임을 보이자.

원 O_1 위의 임의의 점 P 와 원 O_2 위의 임의의 점 Q 에 대하여
$\overline{PO_1} + \overline{O_1O_2} + \overline{O_2Q} = \overline{P_0Q_0}$ 이다. 그런데 $\overline{PQ} \leq \overline{PO_1} + \overline{O_1O_2} + \overline{O_2Q}$ 이므로 $\overline{PQ} \leq \overline{P_0Q_0}$ 이다. 따라서
$\overline{P_0Q_0}$ 가 구하고자 하는 값이다.

원 O_1 과 O_2 의 반지름을 각각 r_1 과 r_2 라 하면 $\overline{P_0Q_0} = r_1 + r_2 + \overline{O_1O_2}$ 이다.

삼각형 ABD 와 BCD 에 사인법칙을 적용하면 $2r_2 \sin \angle BCD = \overline{BD}$, $2r_1 \sin \angle BAD = \overline{BD}$ 가 성립한다. 이로부터 $r_1 = 2$, $r_2 = 3$ 임을 알 수 있다.

선분 O_1O_2 와 선분 BD 의 교점을 H 라 하면, $\overline{BH} = 1$ 이므로, $\overline{O_1H} = \sqrt{3}$, $\overline{O_2H} = 2\sqrt{2}$ 이다. 따라서 $\overline{O_1O_2} = \sqrt{3} + 2\sqrt{2}$ 이다.

그러므로 $\overline{P_0Q_0} = 5 + 2\sqrt{2} + \sqrt{3}$ 이다.

[1] $\angle ADB$ 와 $\angle CDE$ 는 맞꼭지각으로 서로 같고, 주어진 조건에 의해
$\overline{AB} = \overline{CE} = 1$ 이다.

△CDE 의 외접원의 반지름의 길이를 R 라 하면 사인법칙에 의해

$$\frac{\overline{CE}}{\sin(\angle CDE)} = \frac{\overline{AB}}{\sin(\angle ADB)} = 2R$$

이므로 △ADB 의 외접원의 반지름의 길이도 R 이다.

또한 $\overline{AD} = x \, (0 < x < 1)$ 라 하면 △ABD 에서 코사인법칙에 의해

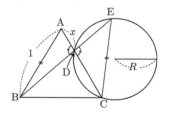

$\overline{BD}^2 = x^2 + 1^2 - 2x \cos \dfrac{\pi}{3} = x^2 - x + 1$ 이다. 즉, $\overline{BD} = \sqrt{x^2 - x + 1}$ 이다.

△ABD 에서 사인법칙에 의해 $\dfrac{\overline{BD}}{\sin(\angle BAD)} = \dfrac{\overline{BD}}{\sin \dfrac{\pi}{3}} = \dfrac{\sqrt{x^2 - x + 1}}{\dfrac{\sqrt{3}}{2}} = 2R$ 이므로

$R = \sqrt{\dfrac{x^2 - x + 1}{3}}$ 이다.

[2] $\overline{CB}=\overline{CA}=\overline{CE}=1$ 이므로 점 A, 점 B, 점 E 는 모두 점 C 를 중심으로 하는 반지름의 길이가 1 인 원 위의 점이다.

직선 AC 가 이 원과 만나는 점 중 A 가 아닌 점을 F 라 하자.

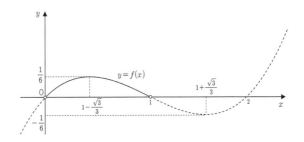

$\overline{AD}=x\,(0<x<1)$ 라 하면 $\overline{CD}=1-x$ 이므로 $\overline{DF}=2-x$ 이다.

따라서 할선정리에 의한 $\overline{AD}\times\overline{DF}=\overline{BD}\times\overline{DE}$ 과 **[1]**에 의하여

$$\overline{DE}=\frac{x(2-x)}{\sqrt{x^2-x+1}}$$ 이다.

또한 $\triangle CDE$ 에서 사인법칙에 의하여 $\dfrac{\overline{CE}}{\sin(\angle CDE)}=2R$ 이므로

$\sin(\angle CDE)=\dfrac{\overline{CE}}{2R}=\dfrac{1}{2}\sqrt{\dfrac{3}{x^2-x+1}}$ 이다. 이때 $\triangle CDE$의 넓이를 S라 하면

$$S=\frac{1}{2}\overline{DE}\times\overline{CD}\times\sin(\angle CDE)=\frac{1}{2}\times\frac{x(2-x)}{\sqrt{x^2-x+1}}\times(1-x)\times\frac{1}{2}\sqrt{\frac{3}{x^2-x+1}}$$

$$=\frac{\sqrt{3}\,x(1-x)(2-x)}{4(x^2-x+1)}$$

그러므로 $S\times\overline{BD}^2=\dfrac{\sqrt{3}}{4}x(1-x)(2-x)$이다.

$f(x)=\dfrac{\sqrt{3}}{4}x(1-x)(2-x)$라 하면, $f'(x)=\dfrac{\sqrt{3}}{4}(3x^2-6x+2)$이고, $f'(x)=0$에서

$x=\dfrac{3\pm\sqrt{3}}{3}$ 이다.

이때 점 D 는 선분 AC 위의 양 끝점이 아닌 임의의 점이므로 $0<x<1$이다.

따라서 열린구간 $(0,1)$에서 함수 $f(x)$의 증가와 감소를 표로 나타내고 $y=f(x)$의 그래프를 그리면 다음과 같다.

x	0	$\cdots$	$1-\dfrac{\sqrt{3}}{3}$	$\cdots$	1
$f'(x)$		$+$	0	$-$	
$f(x)$	0	$\nearrow$	$\dfrac{1}{6}$	$\searrow$	0

즉 함수 $f(x)$는 $x=1-\dfrac{\sqrt{3}}{3}$에서 극대이면서 최대이다.

따라서 $S\times\overline{BD}^2$ 가 최대가 되도록 하는 선분 AD 의 길이는 $1-\dfrac{\sqrt{3}}{3}$ 이다.

양수 a 에 대하여

$$1 - \frac{2}{\sqrt{a}} = \frac{\sqrt{a}-2}{\sqrt{a}} = \frac{(\sqrt{a}-2)(\sqrt{a}+2)}{\sqrt{a}(\sqrt{a}+2)} = \frac{a-4}{\sqrt{a}(\sqrt{a}+2)}$$

이므로, $a > 4$ 일 때 $0 < 1 - \frac{2}{\sqrt{a}} < \frac{a-4}{8}$ 이다. ($\because$ $a > 4$ 이면 $\frac{1}{\sqrt{a}(\sqrt{a}+2)} < \frac{1}{8}$)

따라서 $\frac{3}{4}(a-4) > \frac{3}{4}(a-4) + \frac{2}{\sqrt{a}} - 1 > (a-4)\left(\frac{3}{4} - \frac{1}{8}\right) = \frac{5}{8}(a-4) > 0$ 이므로

$$a > 4 \text{ 이면 } 0 < \frac{3}{4}(a-4) + \frac{2}{\sqrt{a}} - 1 < \frac{3}{4}(a-4) \cdots \text{①}$$

이라는 명제가 참임을 알 수 있다.

이제 $a_{n+1} = \frac{3}{4}a_n + \frac{2}{\sqrt{a_n}} \Leftrightarrow a_{n+1} - 4 = \frac{3}{4}(a_n-4) + \frac{2}{\sqrt{a_n}} - 1$ 을 만족시키는 수열 $\{a_n\}$ 이 모든 자연수

n 에 대하여 $0 < a_n - 4 \leq \left(\frac{3}{4}\right)^{n-1}$ 이 성립함을 수학적 귀납법을 이용해서 보이자.

i) $n = 1$ 일 때, $0 < 5 - 4 \leq \left(\frac{3}{4}\right)^0 = 1$ 이므로 성립한다.

ii) $n = k$ 일 때, 문제의 부등식이 성립한다고 가정하면

$$0 < a_k - 4 \leq \left(\frac{3}{4}\right)^{k-1} \cdots \text{②}$$

이다. $a_k > 4$ 이므로

$$0 < \frac{3}{4}(a_k-4) + \frac{2}{\sqrt{a_k}} - 1 < \frac{3}{4}(a_k-4) \quad (\because \text{①})$$

$$\leq \left(\frac{3}{4}\right)^k \qquad (\because \text{②의 오른쪽 부등식})$$

이다. 즉, $0 < a_{k+1} - 4 \leq \left(\frac{3}{4}\right)^k$ 가 성립하므로, $n = k+1$ 일 때도 성립한다.

따라서 i), ii)에 의하여 모든 자연수 n 에 대하여 $0 < a_n - 4 \leq \left(\frac{3}{4}\right)^{n-1}$ 이 성립한다.

(cf. 본 증명에 필요한 ①의 대수적 성질을 미리 증명 해놓으면 증명과정이 깔끔해진다고 교재에서 언급했었다.)

치환적분법에 의해서 제시문 (ㄱ)의 함수 $f(x)$는 다음과 같다.

$$f(x) = 2\int_0^x \tan\theta\,(\tan\theta)'d\theta + 1 = \left[\tan^2\theta\right]_0^x + 1 = \tan^2 x + 1 = \frac{1}{\cos^2\theta}$$

따라서 제시문 (ㄴ)의 수열 $\{a_n\}$의 일반항 $a_n = \dfrac{1}{4^n\cos^2\left(\dfrac{\pi}{2^{n+2}}\right)}$ 이다.

$$\frac{1}{\sin^2\left(\dfrac{\pi}{2^2}\right)} = \frac{1}{4\sin^2\left(\dfrac{\pi}{2^{1+2}}\right) \times \cos^2\left(\dfrac{\pi}{2^{1+2}}\right)} \quad (\because \sin\,두배각공식)$$

$$= \frac{1}{4\sin^2\left(\dfrac{\pi}{2^{1+2}}\right)} + \frac{1}{4\cos^2\left(\dfrac{\pi}{2^{1+2}}\right)} \quad (\because \sin^2\theta + \cos^2\theta = 1)$$

$$= \frac{1}{4\sin^2\left(\dfrac{\pi}{2^{1+2}}\right)} + a_1$$

이고, 마찬가지 방법으로

$$\frac{1}{4\sin^2\left(\dfrac{\pi}{2^{1+2}}\right)} = \frac{1}{4^2 \times \sin^2\left(\dfrac{\pi}{2^{2+2}}\right)} + \frac{1}{4^2 \times \cos^2\left(\dfrac{\pi}{2^{2+2}}\right)}$$

$$= \frac{1}{4^2 \times \sin^2\left(\dfrac{\pi}{2^{2+2}}\right)} + a_2$$

$$\vdots$$

$$\frac{1}{4^{n-1}\sin^2\left(\dfrac{\pi}{2^{n-1+2}}\right)} = \frac{1}{4^n\sin^2\left(\dfrac{\pi}{2^{n+2}}\right)} + a_n$$

이고, 이를 모두 더하면 $\displaystyle\sum_{k=1}^n a_k = \dfrac{1}{\sin^2\left(\dfrac{\pi}{2^2}\right)} - \dfrac{1}{4^n\sin^2\left(\dfrac{\pi}{2^{n+2}}\right)}$ 이다.

한편, $\displaystyle\lim_{x\to 0}\dfrac{\sin x}{x} = 1$ 이므로

$$\lim_{n\to\infty}\frac{1}{4^n\sin^2\left(\dfrac{\pi}{2^{n+2}}\right)} = \frac{16}{\pi^2}\lim_{n\to\infty}\left\{\frac{\dfrac{\pi}{2^{n+2}}}{\sin\left(\dfrac{\pi}{2^{n+2}}\right)}\right\}^2 = \frac{16}{\pi^2}$$

따라서 제시문 (ㄷ)의 S값은 다음과 같다.

$$S = \lim_{n\to\infty}\left(\sum_{k=1}^n a_k\right) = \frac{1}{\sin^2\left(\dfrac{\pi}{2^2}\right)} - \lim_{n\to\infty}\frac{1}{4^n\sin^2\left(\dfrac{\pi}{2^{n+2}}\right)} = 2 - \frac{16}{\pi^2}$$

이 경우의 수를 $f(k)$ 라 하면,

$$f(k) = {}_{100}\mathrm{C}_k \times {}_k\mathrm{C}_2 \times {}_{k-2}\mathrm{C}_5 = \frac{100!}{k!\,(100-k)!} \times \frac{k!}{2!\,(k-2)!} \times \frac{(k-2)!}{(k-7)!\,5!} = \frac{100!}{2!\,5!\,(100-k)!\,(k-7)!}$$

$f(k)$ 가 $k=n$ 에서 최대라면 $f(n+1) \le f(n)$ 과 $f(n-1) \le f(n)$ 을 만족한다.

$$\frac{f(n)}{f(n+1)} \ge 1 \Rightarrow \frac{n-6}{100-n} \ge 1 \Rightarrow n \ge 53$$

$$\frac{f(n-1)}{f(n)} \le 1 \Rightarrow \frac{n-7}{101-n} \le 1 \Rightarrow n \le 54$$

이므로 $n=53, 54$ 가 최대인 순간의 후보가 되는데 $f(53)=f(54)$ 이므로 $f(k)$ 가 최대가 되도록 하는 모든 k 의 값은 53 과 54 이다.

[1] $36 = 2^2\{2(2^2)+1\}$ 이므로

$a_2 = (a_1 - 2020)^{2021} + 2020 = 2021$

$a_4 = (a_2 - 2020)^{2021} + 2020 = 2021$

$a_9 = (a_4 - 2022)^{2020} + 2018 = 2019$

$a_{18} = (a_9 - 2020)^{2021} + 2020 = 2019$

$a_{36} = (a_{18} - 2020)^{2021} + 2020 = 2019$

이다.

[2] k 의 값에 따라 조건 $(a_k < 2^{2020})$ 을 만족하는지 확인해보자.

① $k = 2^m$, $(m \ge 0)$

$a_1 = 2021$

$a_2 = (a_1 - 2020)^{2021} + 2020 = 2021$

$a_4 = (a_2 - 2020)^{2021} + 2020 = 2021$

$\vdots$

$a_{2^m} = (a_{2^{m-1}} - 2020)^{2021} + 2020 = 2021$

이므로 $a_k = 2021$ 이다.

② $k = 2^m + 1$, $(m \ge 1)$

$a_3 = (a_1 - 2022)^{2020} + 2018 = 2019$

$a_5 = (a_2 - 2022)^{2020} + 2018 = 2019$

$\vdots$

$a_{2^m} = (a_{2^{m-1}} - 2020)^{2021} + 2020 = 2021$

이므로 $a_k = 2021$ 이다.

② $k = 2^m + 1, \ (m \geq 1)$

$a_3 = (a_1 - 2022)^{2020} + 2018 = 2019$

$a_5 = (a_2 - 2022)^{2020} + 2018 = 2019$

$\vdots$

$a_{2^m + 1} = (a_{2^{m-1}} - 2022)^{2020} + 2018 = 2019$

이므로 $a_k = 2019$ 이다.

③ $k = 2^l(2^m + 1), \ (m, \ l \geq 1)$

②의 경우를 만족하는 $a_{2^m + 1} = 2019$임을 알 수 있다. 또한 제시문 ㄴ 에 의해

$a_{2(2^m + 1)} = (a_{2^m + 1} - 2020)^{2021} + 2020 = 2019$

$a_{2^2(2^m + 1)} = (a_{2(2^m + 1)} - 2020)^{2021} + 2020 = 2019$

$\vdots$

$a_{2^l(2^m + 1)} = (a_{2^{l-1}(2^m + 1)} - 2020)^{2021} + 2020 = 2019$

이므로 $a_k = 2019$ 이다.

④ $k = 2^l(2^m + 1) + 1, \ (m, \ l \geq 1)$

②의 경우를 만족하는 $a_{2^m + 1} = 2019$임을 알 수 있다. $l = 1$ 인 경우, 제시문 ㄷ 에 의해

$a_{2(2^m + 1) + 1} = (a_{2^m + 1} - 2022)^{2020} + 2018 > 2^{2020}$ 이다.

$l > 1$ 인 경우, 제시문 ㄴ에 의해 $a_{2^{l-1}(2^m + 1)} = 2019$ 이고, 제시문 ㄷ에 의해

$a_{2^l(2^m + 1) + 1} = (a_{2^{l-1}(2^m + 1)} - 2022)^{2020} + 2018 > 2^{2022}$ 이다.

따라서 $a_k > 2^{2020}$ 이다.

⑤ k가 ①~④가 아닌 수

k는 항상 $(\cdots 2^r(2^l(2^m + 1) + 1) \cdots)$꼴로 쓸 수가 있으며(단, $m, \ l, \ r \geq 1$), ④에 의해

$a_{2^l(2^m + 1) + 1} > 2^{2020}$ 임을 알 수 있다. a_k는 제시문 ㄴ 과 ㄷ을 반복적용해서 계산이 가능한데, 항상 2022 보다

큰 수에 대해 증가하므로 $a_k > 2^{2020}$ 이다.

$a_k < 2^{2020}$ 을 만족하는 경우는 ① (즉, $k = 2^m$), ② (즉, $k = 2^m + 1, \ (m \geq 1)$),

③ (즉, $k = 2^l(2^m + 1), \ (m, \ l \geq 1)$)이 전부이다. 이들 중 $k \leq 2^{100}$ 을 만족하는 자연수는 ①에서 101 가지

$(m = 0, \ 1, \ \cdots, \ 100)$, ②에서 99 가지 $(m = 1, \ 2, \ \cdots, \ 99)$, ③에서 $\dfrac{98 \times 99}{2} = 4851$ 가지

$((l, \ m) = (1, \ 1), \ (1, \ 2), \ \cdots, \ (1, \ 98), \ (2, \ 1), \ \cdots, \ (2, \ 97), \ (3, \ 1), \ \cdots, \ (3, \ 96), \ \cdots, \ (98, 1))$

따라서 $101 + 99 + 4851 = 5051$ 이다.

[3] $\alpha = 2019$ 이다. $a_k = 2019$ 는 2번 풀이의 ②와 ③의 k 만 가능하다.

②는 $m = 1,\ 2,\ \cdots,\ n-1$ 인 경우에만 $2^m + 1 \le 2^n$ 을 만족하므로 $n-1$ 개가 가능하다.

③은 $l = 1,\ 2,\ \cdots,\ n-2$ 인 경우, $m = 1,\ 2,\ \cdots,\ n-l-1$ 인 경우에만 $2^l(2^m + 1) \le 2^n$ 를 만족하므로

$$\sum_{l=1}^{n-2} (n-l-1) = (n-1)(n-2) - \frac{(n-2)(n-1)}{2} = \frac{(n-2)(n-1)}{2}$$ 개가 가능하다.

따라서 $c_n = \dfrac{(n-2)(n-1)}{2} + (n-1) = \dfrac{n(n-1)}{2}$ 이고

$$S_n = \sum_{t=1}^{n} \frac{2(n-1)}{2c_n + t(n-1)} = \sum_{t=1}^{n} \frac{2}{n+t} = \frac{1}{n} \sum_{t=1}^{n} \frac{2}{1 + \dfrac{t}{n}}$$

를 만족한다. 따라서 $\displaystyle\lim_{n \to \infty} S_n = \int_0^1 \frac{2}{1+x}dx = 2\ln 2$ 이다.

논제 27

[1] $x^5 - 1 = (x-1)(x^4 + x^3 + x^2 + x + 1)$ 이므로 $x^5 = (x-1)(x^4 + x^3 + x^2 + x + 1) + 1$ 이다. 그러므로 x^5 을 $g(x) = x^4 + x^3 + x^2 + x + 1$ 로 나눈 나머지는 1 이다.

[2] (i) $f_1(x) = x^3 + x^2 + 3$ 을 $g(x) = x^4 + x^3 + x^2 + x + 1$ 로 나눈 나머지는

$r_1(x) = x^3 + x^2 + 3 = a_1 x^3 + b_1 x^2 + c_1 x + d_1$ 이므로 $a_1 = b_1 = 1,\ c_1 = 0$ 이다.

(ii) $n = k$ 일 때 $a_n = b_n,\ c_n = 0$ 이라고 가정하자. 그러면

$$f_{k+1}(x) = (x^3 + x^2 + 3)^{k+1}$$
$$= (x^3 + x^2 + 3)f_k(x)$$
$$= (x^3 + x^2 + 3)\big(g(x)Q_k(x) + a_k x^3 + b_k x^2 + c_k x + d_k\big)$$
$$= (x^3 + x^2 + 3)\big(g(x)Q_k(x) + a_k x^3 + a_k x^2 + d_k\big)$$
$$= (x^3 + x^2 + 3)g(x)Q_k(x) + (x^3 + x^2 + 3)\big(a_k x^3 + a_k x^2 + d_k\big)$$
$$= (x^3 + x^2 + 3)g(x)Q_k(x) + a_k x^6 + 2a_k x^5 + a_k x^4 + (3a_k + d_k)x^3 + (3a_k + d_k)x^2 + 3d_k$$
$$= (x^3 + x^2 + 3)g(x)Q_k(x) + a_k x(x^5 - 1) + 2a_k(x^5 - 1)$$
$$\qquad + a_k x^4 + (3a_k + d_k)x^3 + (3a_k + d)x^2 + a_k x + (2a_k + 3d_k)$$
$$= (x^3 + x^2 + 3)g(x)Q_k(x) + a_k x(x^5 - 1) + 2a_k(x^5 - 1)$$
$$\qquad + a_k(x^4 + x^3 + x^2 + x + 1) + (2a_k + d_k)x^3 + (2a_k + d)x^2 + (a_k + 3d_k)$$
$$= g(x)\big\{(x^3 + x^2 + 3)Q_k(x) + a_k x(x-1) + 2a_k(x-1) + a_k\big\}$$
$$\qquad + (2a_k + d_k)x^3 + (2a_k + d_k)x^2 + (a_k + 3d_k)$$

그러므로 $r_{k+1}(x) = (2a_k + d_k)x^3 + (2a_k + d_k)x^2 + (a_k + 3d_k)$ 이다. 따라서

$a_{k+1} = 2a_k + d_k = b_{k+1},\ c_{k+1} = 0$

이므로 $n = k+1$ 일 때에도 성립한다.

(i), (ii)에 의해서, 모든 $n \ge 1$ 에 대하여 $a_n = b_n,\ c_n = 0$ 이다.

[3] [2]의 풀이에서 $a_{n+1} = 2a_n + d_n$, $d_{n+1} = a_n + 3d_n$ $(n = 1, 2, 3, \cdots)$, $a_1 = 1$, $d_1 = 3$ 임을 얻었다. 그러므로

$a_1{}^2 + a_1 d_1 - d_1{}^2 = 1 + 3 - 9 = -5$,

$a_2 = 2 + 3 = 5$, $d_2 = 1 + 9 = 10$, $a_2{}^2 + a_2 d_2 - d_2{}^2 = 5^2 + 5 \times 10 - 10^2 = -25$,

$a_3 = 10 + 10 = 20$, $d_3 = 5 + 30 = 35$, $a_3{}^2 + a_3 d_3 - d_3{}^2 = 20^2 + 20 \times 35 - 35^2 = -125$

이다. 따라서 $a_n{}^2 + a_n d_n - d_n{}^2 = -5^n$ 임을 추측할 수 있다. 이것을 증명하기 위해서는

$a_{n+1}{}^2 + a_{n+1} d_{n+1} - d_{n+1}{}^2 = 5\left(a_n{}^2 + a_n d_n - d_n{}^2\right)$ 임을 보이기만 하면 된다.

$a_{n+1}{}^2 + a_{n+1} d_{n+1} - d_{n+1}{}^2 = a_{n+1}{}^2 + \left(a_{n+1} - d_{n+1}\right)d_{n+1}$

$= \left(2a_n + d_n\right)^2 + \left(a_n - 2d_n\right)\left(a_n + 3d_n\right)$

$= 4a_n^2 + 4a_n d_n + d_n^2 + a_n^2 + a_n d_n - 6d_n^2$

$= 5\left(a_n{}^2 + a_n d_n - d_n{}^2\right)$

이것과 $a_1{}^2 + a_1 d_1 - d_1{}^2 = -5$ 로부터 모든 $n \geq 1$ 에 대하여 $a_n{}^2 + a_n d_n - d_n{}^2 = -5^n$ 임을 알 수 있다.

논제 28

원 C_1과 두 선분 BC, AB의 접점을 각각 P, R이라고 하자. $\overline{AQ_1} = a$, $\overline{BR} = b$, $\overline{CP} = c$라고 두면,
〈그림 3〉에서와 같이 $\overline{AR} = a$, $\overline{BP} = b$, $\overline{CQ_1} = c$가 되고,
따라서

$a + b = \overline{AR} + \overline{BR} = \overline{AB} = 5 + 2\sqrt{2}$

$a + c = \overline{AQ_1} + \overline{CQ_1} = \overline{AC} = 5 - 2\sqrt{2}$

$b + c = \overline{BP} + \overline{CP} = \overline{BC} = 7 \cdots (1)$

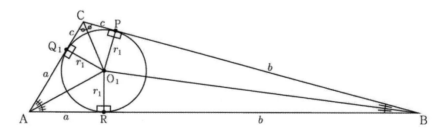

(1)에 의하여 $a + b + c = \dfrac{1}{2}\left\{(5 + 2\sqrt{2}) + (5 - 2\sqrt{2}) + 7\right\} = \dfrac{17}{2}$ 이므로, $\cdots (2)$

(1), (2)에 의하여

$\overline{AQ_1} = a = (a + b + c) - (b + c) = \dfrac{17}{2} - 7 = \dfrac{3}{2}$, $\cdots (3)$

$\triangle ABC$에서 코사인 법칙에 의하여

$\cos(\angle BAC) = \dfrac{\overline{AB}^2 + \overline{AC}^2 - \overline{BC}^2}{2\,\overline{AB} \times \overline{AC}}$

$= \dfrac{(5 + 2\sqrt{2})^2 + (5 - 2\sqrt{2})^2 - 7^2}{2(5 + 2\sqrt{2})(5 - 2\sqrt{2})} = \dfrac{2(25 + 8) - 49}{2(25 - 8)} = \dfrac{1}{2}$

이므로, $\cdots (4)$ $\angle BAC = 60°$ $\cdots (5)$

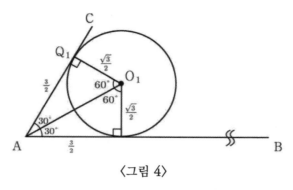

〈그림 4〉

원 C_1의 중심을 O_1이라고 두고 점 O_1에서 AB에 내린 수선의 발을 R라 하면

〈그림 4〉에서와 같이 두 직각삼각형 AO_1Q_1과 AO_1R은 합동이고, 따라서 (5)에 의하여

$$\angle O_1AQ_1 = \angle O_1AR = 30° \cdots (6)$$

원 C_1의 반지름을 r_1이라고 두면, (3),(6)에 의하여

$$r_1 = \overline{O_1Q_1} = \overline{AQ_1} \times \tan(\angle O_1AQ_1) = \frac{3}{2} \times \frac{1}{\sqrt{3}} = \frac{\sqrt{3}}{2} \cdots (7)$$

(6)에 의하여

$$\angle Q_1O_1R = \angle AO_1Q_1 + \angle AO_1R = (90° - \angle O_1AQ_1) + (90° - \angle O_1AR) = 120° \text{ 이므로,} \cdots (8)$$

(7),(8)에 의하여

부채꼴 O_1Q_1R의 넓이 $=$ 원 C_1의 넓이 $\times \dfrac{120°}{360°} = \pi\left(\dfrac{\sqrt{3}}{2}\right)^2 \times \dfrac{1}{3} = \dfrac{\pi}{4} \cdots (9)$

(3),(7)에 의하여

사각형 AQ_1O_1R의 넓이$= 2 \times$ 삼각형 AO_1Q_1의 넓이

$$= 2 \times \left(\frac{1}{2} \times \overline{AQ_1} \times \overline{O_1Q_1}\right) = 2 \times \frac{1}{2} \times \frac{3}{2} \times \frac{\sqrt{3}}{2} = \frac{3\sqrt{3}}{4} \cdots (10)$$

(9),(10)에 의하여 구하는 영역의 넓이는

사각형 AQ_1O_1R의 넓이 $-$ 부채꼴 O_1Q_1R의 넓이 $= \dfrac{3\sqrt{3}}{4} - \dfrac{\pi}{4}$ 이다.

cf. (7)을 구하는 다른 방법

원 C_1이 삼각형 ABC의 내접원이므로 〈그림 3〉에 의하여

$\triangle ABC$의 넓이 $= \triangle O_1AB$의 넓이$+ \triangle O_1BC$의 넓이 $+ \triangle O_1AC$의 넓이

$$= \frac{1}{2}r_1 \times \overline{AB} + \frac{1}{2}r_1 \times \overline{BC} + \frac{1}{2}r_1 \times \overline{AC} = \frac{1}{2}r_1\{(5+2\sqrt{2} + 7 + (5 - 2\sqrt{2})\} = \frac{17}{2}r_1$$

따라서 (5)에 의하여

$$\frac{17}{2}r_1 = \triangle ABC\text{의 넓이} = \frac{1}{2}\overline{AB} \times \overline{AC} \times \sin(\angle BAC)$$

$$= \frac{1}{2}(5+2\sqrt{2})(5-2\sqrt{2}) \times \frac{\sqrt{3}}{2} = \frac{17\sqrt{3}}{4}$$

이므로, $r_1 = \overline{O_1Q_1} = \dfrac{\sqrt{3}}{2}$

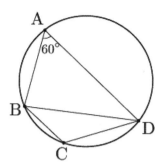

$a = \overline{AB}$, $b = \overline{AD}$, $c = \overline{CB}$, $d = \overline{CD}$ 라고 하자.

사각형 ABCD가 원에 내접하므로 제시문 [라]에 의해 $\angle C = 120°$이고, 제시문 [가]의 코사인 법칙에 의해

$$a^2 + b^2 - ab = 64, \quad c^2 + d^2 + cd = 64$$

이다.

ab, cd를 각각 $a+b$와 $c+d$에 대한 식으로 변형하면

$$ab = \frac{(a+b)^2 - 64}{3}, \quad cd = (c+d)^2 - 64$$

이다. 네 변의 길이의 합이 22이므로, $c+d = x$라고 하면

$$ab = \frac{(22-x)^2 - 64}{3}, \quad cd = x^2 - 64$$

로 표현할 수 있다.

a, b가 양수이므로 $a+b = 22-x > 0$, $ab = \dfrac{(22-x)^2-64}{3} > 0$, $(a+b)^2 - 4ab = \dfrac{-(22-x)^2 + 256}{3} \geq 0$

이고 이를 만족시키는 x의 범위는 $6 \leq x < 14$이다.

마찬가지로 두 양수 c, d가 존재하기 위한 조건은

$$c+d = x > 0, \quad cd = x^2 - 64 > 0, \quad (c+d)^2 - 4cd = -3x^2 + 256 \geq 0$$

이므로, x의 범위는 $8 < x \leq \dfrac{16}{3}\sqrt{3}$이다. 따라서, 위의 두 결과를 종합하면 x의 범위는

$8 < x \leq \dfrac{16}{3}\sqrt{3}$이다.

한편 사각형 ABCD의 넓이 S는 삼각형 ABD와 삼각형 CBD의 넓이의 합이므로 제시문 [나]에 의해

$$S = \frac{1}{2}ab\sin A + \frac{1}{2}cd\sin C = \frac{\sqrt{3}}{4}(ab + cd)$$

이다. ab, cd를 x로 표현한 식을 대입해서 정리하면,

$$S = \frac{\sqrt{3}}{4}\left(\frac{(22-x)^2 - 64}{3} + x^2 - 64\right) = \frac{\sqrt{3}}{3}(x^2 - 11x + 57) = \frac{\sqrt{3}}{3}\left(x - \frac{11}{2}\right)^2 + \frac{107}{12}\sqrt{3}$$

이다. 따라서 사각형의 면적이 최대가 될 때, $x = \overline{CB} + \overline{CD}$의 값은 제시문 [다]에 의해 $\dfrac{16}{3}\sqrt{3}$이다.

[1] $n \geq 4$일 때,

$$\alpha(n, 4) = \frac{1}{4} \, _{2n-4}\mathrm{C}_3$$

$$= \frac{(2n-4)(2n-5)(2n-6)}{4 \times 3 \times 2 \times 1}$$

$$= \frac{(n-2)(2n-5)(n-3)}{3 \times 2}$$

$$= \frac{1}{6}(n-3)\{(n-3)+1\}\{2(n-3)+1\}$$

$$= 1^2 + 2^2 + 3^2 + \dots + (n-3)^2 \ (\because \text{제시문 } 1^2 + 2^2 + 3^2 + \dots + n^2 = \frac{n(n+1)(2n+1)}{6} \ \text{공식})$$

이므로, $\alpha(n,4)$는 자연수이다.

[2] $n \geq 4$일 때,

$$5 \times \alpha(n, n-2) = \frac{5}{n-2} \, _{n+2}\mathrm{C}_{n-3}$$

$$= \frac{5}{n-2} \, _{n+2}\mathrm{C}_5 = \frac{5}{n-2} \times \frac{(n+2)(n+1)n(n-1)(n-2)}{5!}$$

$$= \frac{(n+2)(n+1)n(n-1)}{4!} = \, _{n+2}\mathrm{C}_4$$

이다. $_{n+2}\mathrm{C}_4$는 자연수이므로, $5 \times \alpha(n, n-2)$는 자연수이다. 또한

$$\alpha(100, 67) = \frac{1}{67} \, _{133}\mathrm{C}_{66} = \frac{133 \times 132 \times \dots \times 68}{67!} \cdots (1)$$

이다. 유리수 $\alpha(100,67)$이 자연수라고 가정하면, (1)의 우변의 분모인 $67!$이 소수 67의
배수이므로, 분자 $133 \times 132 \times \dots \times 68$ 은 소수 67의 배수여야 한다. $\cdots$ (2)
그런데 소수 67의 배수인 134보다 1씩 작은 연속된 66개의
자연수 $133, 132, \dots, 68$의 곱이므로 소수 67의 배수가 아니다. 따라서 (2)는 모순이다.
그러므로 $\alpha(100,67)$은 자연수가 아니다.

[1] (가) 조건에 의해 $a_5 = 4$이며, (나) 조건을 생각하면 다음과 같이 나눌 수 있다.

(i) $a_4 \leq 80$인 경우 : $a_5 = 2a_3$에서 $a_3 = 2 \leq 80$이므로 $a_4 = 2a_2$이고, $a_2 = \dfrac{a_4}{2} \leq \dfrac{80}{2} \leq 40$이다.

(ii) $a_4 > 80$인 경우 : $a_5 = a_4 - 80$에서 $a_4 = 84$이다. 만일 $a_3 \leq 80$이면 $a_4 = 2a_2$에서 $a_2 = 42$이다.

반대로 $a_3 > 80$이면 $a_4 = a_3 - 80$에서 $a_3 = a_4 + 80 = 164$이다. 만일 $a_2 > 80$이면 $a_3 = a_2 - 80$에서 $a_2 = a_3 + 80 = 244$인데 이는 (가) 조건 $a_2 < 200$을 만족시키지 않는다. 따라서 $a_2 \leq 80$이다. 이 경우 a_2는 80 이하의 모든 자연수를 값으로 가질 수 있고, $a_1 = \dfrac{a_3}{2} = 82$이다. 실제로 $a_1 = 82$, $a_2 = 80$, $a_3 = 164$, $a_4 = 84$, $a_5 = 4$이면 문제의 주어진 조건을 모두 만족시키는 것을 확인할 수 있다. 따라서 a_2의 최댓값은 80이다.

[2] **[1]**에서 $a_2 \leq 80$이므로 $a_3 = 2a_1$이 성립한다. 따라서 $a_1 = \dfrac{a_3}{2}$이다. **[1]**의 풀이 과정에서 a_3이 가질 수 있는 값은 80 이하의 짝수 또는 164이다. 이를 종합하면 다음과 같은 표를 만들 수 있고, 이때 a_1, a_2, $\cdots$, a_5가 문제의 조건을 모두 만족시킴을 확인할 수 있다.

a_1	a_2	a_3	a_4	a_5
1	1, 2, $\cdots$, 40	2	2, 4, $\cdots$, 80	
1, 2, $\cdots$, 40	42	2, 4, $\cdots$, 80	84	4
82	1, 2, $\cdots$, 80	164		

즉, a_1의 값은 40 이하의 자연수 또는 82가 될 수 있으므로, a_1이 가질 수 있는 서로 다른 모든 수의 합은 다음과 같다.

$$\sum_{k=1}^{40} k + 82 = \frac{40 \cdot 41}{2} + 82 = 820 + 82 = 902$$

[3] $a_5 = 4$는 80보다 작으므로 $a_6 = 2a_4$를 만족시킨다.

(i) $a_4 \leq 40$인 경우 : $a_6 \leq 80$이므로 $a_7 = 2a_5 = 8$이다. 따라서 $a_8 = 2a_6 = 4a_4$인데, **[2]**의 풀이에서 a_4가 짝수이므로 a_8은 8의 배수이다. 만일 $a_4 \leq 20$이면 $a_8 \leq 80$이 되어 $a_9 = 2a_7 = 16$이다. 한편, $20 < a_4 \leq 40$이면 $a_8 > 80$이고, **[3]**에서 주어진 조건 $a_8 \leq 90$을 생각하면 $a_8 = 88$이다. 이때 $a_9 = a_8 - 80 = 8$이다.

(ii) $40 < a_4 \leq 80$인 경우 : $a_6 = 2a_4$이므로 $80 < a_6 \leq 160$이고, $a_7 = a_6 - 80$이므로 $0 < a_7 \leq 80$이다. 따라서 $a_8 = 2a_6 > 160$이므로 주어진 조건 $a_8 \leq 90$을 만족시키지 않는다. 따라서 이 경우는 가능하지 않다.

(iii) $a_4 > 80$인 경우 : **[1]**의 풀이에서 $a_4 = 84$이고, $a_6 = 2a_4 = 168 > 80$이므로 $a_7 = a_6 - 80 = 88 > 80$, $a_8 = a_7 - 80 = 8 \leq 80$이다. 따라서 $a_9 = 2a_7 = 176$이다.

그러므로 (i), (iii)의 경우를 종합하면 다음과 같은 표를 만들 수 있고, 이때 a_1, a_2, $\cdots$, a_9가 문제의 조건을 모두 만족시킴을 확인할 수 있다.

a_1	a_2	a_3	a_4	a_5	a_6	a_7	a_8	a_9
1	1, 2, ⋯, 10	2	2, 4, ⋯, 20	4	4, 8, ⋯, 40	8	8, 16, ⋯, 80	16
1	11	2	22		44	8	88	8
1, 2, ⋯, 40	42	2, 4, ⋯, 80	84		168	88	8	176
82	1, 2, ⋯, 80	164						

따라서 a_9가 가질 수 있는 서로 다른 모든 수의 합은 다음과 같다.

$$16 + 8 + 176 = 200$$

도움영상

[1] 삼각형의 세 변의 길이 a, b, c가 $a \leq b \leq c$ 라고 가정하고 공차가 d인 등차수열의 연속하는 세 항이라고 하면, $b = a + d$와 $c = a + 2d$ 이다. 이때, 문제의 조건 $c = a + 2d \leq 100$ 로부터 $a \leq 100 - 2d$ 를 얻는다. 또한, 삼각형의 세 변이 만족해야 하는 부등식 $a + b > c$로부터 $a + (a + d) > a + 2d$ 를 얻을 수 있고, $2a + d \geq a + 2d + 1$ 이 성립한다. 따라서, 다음의 부등식을 얻는다.

$$d + 1 \leq a \leq 100 - 2d \quad (*)$$

이로부터 $d + 1 \leq 100 - 2d$가 성립하고, $0 \leq d \leq 33$ 을 얻는다. 이를 만족하는 각각의 d에 대해, $(*)$를 만족하는 a값의 개수는 $(100 - 2d) - d = 100 - 3d$ 이다.

따라서, 문제의 조건을 만족시키는 삼각형의 개수는

$$\sum_{d=0}^{33} (100 - 3d) = 100 \times 34 - \frac{3 \times 34 \times 33}{2} = 1717 \text{ 이다.}$$

[2] 삼각형의 세 변의 길이 a, b, c가 $a \leq b \leq c$ 라고 가정하고 공비가 r인 등비수열의 연속하는 세 항이라고 하면, 실수 $r \geq 1$ 에 대해 $b = ar$와 $c = ar^2$ 이다. 삼각형의 세 변의 조건으로부터 부등식 $a + b > c$를 얻는다. 이 부등식은 $a + ar > ar^2$ 이므로, $r^2 - r - 1 < 0$ 을 얻는다.

따라서 r의 범위

$$1 \leq r < \frac{1 + \sqrt{5}}{2}$$

를 얻을 수 있다. 여기서 $\frac{1 + \sqrt{5}}{2} = 1.618 \cdots$ 이다.

(가) 먼저 $r = 1$ 일 때, $a = b = c$는 등비수열을 이루므로, $1 \leq a = b = c \leq 100$ 의 총 100 가지 경우가 존재한다.

(나) 이제 $r \neq 1$, 즉 $1 < r < \frac{1 + \sqrt{5}}{2}$ 이라고 가정하자. 자연수 a에 대하여 ar도 자연수이므로, $r = \dfrac{q}{p}$ 라고 둘 수 있다. (여기서 p와 q는 $2 \leq p < q$를 만족하는 서로소인 자연수) 또, $ar^2 = \dfrac{aq^2}{p^2}$ 도 자연수이므로,

어떤 자연수 A 에 대해 $a = p^2 A$ 임을 알 수 있다. 이때, 문제의 조건으로부터 $p^2 \le p^2 A = a \le 100$ 를 얻게 되고 $p \le 10$ 을 얻을 수 있다. $p = 10$ 인 경우, $a = 100$ 이 되고 $b = ar > 100$ 이 되어 가능하지 않다. 따라서, 가능한 p 의 값은 다음과 같다.

$2, 3, 4, 5, 6, 7, 8, 9$

각각의 p 에 대해 $r = \dfrac{q}{p} < \dfrac{1 + \sqrt{5}}{2}$ 를 만족하고 $ar^2 = Aq^2 \le 100$ 이 되는 q 의 값을 구한 뒤,

각각의 순서쌍 (p, q) 에 대해 자연수 A 는 $1 \le A \le \dfrac{100}{q^2}$ 를 만족하므로, 가능한 A 의

개수를 구하면 다음과 같다.

(p, q)	$(2, 3)$	$(3, 4)$	$(4, 5)$	$(5, 6)$	$(5, 7)$	$(5, 8)$
가능한 A 의 개수	11	6	4	2	2	1
(p, q)	$(6, 7)$	$(7, 8)$	$(7, 9)$	$(7, 10)$	$(8, 9)$	$(9, 10)$
가능한 A 의 개수	2	1	1	1	1	1

이들의 합은 33 이므로, 문제에서 구하고자 하는 삼각형의 개수는 $100 + 33 = 133$ 가지이다.

[3] 자연수 a, b, c 가 이 순서대로 등차수열의 연속하는 세 항이라고 하면, $2b = a + c$ 가 성립한다. 이 세 수를 일렬로 나열하는 방법은 다음과 같이 6 가지가 존재한다.

$$abc, acb, bac, bca, cab, cba$$

이 순서대로 등비수열의 연속하는 세 항이 되는 조건을 고려하자.

만약, abc 가 등비수열을 이룬다면 cba 도 등비수열을 이룬다. 마찬가지로 acb 가 등비수열을 이룬다면 bca 도 등비수열을 이루고, cab 가 등비수열을 이룬다면 bac 도 등비수열을 이룬다. 따라서, abc, acb, cab 가 등비수열을 이루는 경우만 고려하면 된다.

(가) abc 순서대로 등비수열을 이룬다면, $b^2 = ac$ 이다. 이로부터 $4ac = 4b^2 = (a + c)^2$ 을 얻게 되고, $(a - c)^2 = 0$ 을 얻게 된다. 따라서 $a = b = c$ 이고, 이 경우의 가짓수는 200 가지 이다.

(나) acb 순서대로 등비수열을 이룬다면, $c^2 = ab$ 이다. 이로부터 $a(a + c) = 2ab = 2c^2$ 을 얻게 되고, $(a - c)(a + 2c) = a^2 + ac - 2c^2 = 0$ 이 되어, $a = c$ 또는 $a = -2c$ 이다. $a = c$ 인 경우, $a = b = c$ 를 얻게 되어 이미 고려되었다. $a = -2c$ 인 경우, $c = -2b$ 가 되어 $a : b : c = 4 : 1 : -2$ 가 된다. 이 경우의 가짓수는 $2 \times \dfrac{100}{4} = 50$ 가지이다.

(다) cab 순서대로 등비수열을 이룬다고 가정하자. abc 가 등차수열을 이루므로, cba 도 등차수열을 이룬다. 이 경우, (나)에 의해 $c : b : a = 4 : 1 : -2$ 가 된다. 즉, $a : b : c = -2 : 1 : 4$ 가 되어, 이 경우의 가짓수는 마찬가지로 50 가지이다.

(가), (나), (다)의 세 경우를 모두 합하면, 300 개의 순서쌍이 존재함을 알 수 있다.

[1] 부등식의 경계인 $|\vec{a}| + |\vec{v} - \vec{a}| = 2|\vec{v}|$ 를 직접 $\vec{a}$ 에 대해 계산하여 얻을 수도 있다.

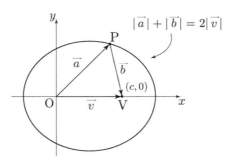

즉, $\vec{a} = (x, y)$ 라 두면 $\sqrt{x^2 + y^2} + \sqrt{(c-x)^2 + y^2} = 2c$ 를 얻고,

$$(c-x)^2 + y^2 = \left(2c - \sqrt{x^2 + y^2}\right)^2 = 4c^2 - 4c\sqrt{x^2 + y^2} + x^2 + y^2$$

과 같이 근호를 차례로 제거하여 정리하면,

$$\frac{\left(x - \dfrac{c}{2}\right)^2}{c^2} + \frac{y^2}{\left(\dfrac{\sqrt{3}\,c}{2}\right)^2} = 1 \,.$$

이 방정식은 장축의 길이가 $2c$, 단축의 길이가 $\sqrt{3}\,c$ 인 타원이므로, 구하려는 도형은 이 경계선을 포함한 타원의 내부이다.

[2] 벡터 $\vec{a}$ 가 집합 S 의 원소이므로 $\vec{a}$ 가 $|\vec{a}| = m$ 과 $|\vec{a} - \vec{v}| = n$ 을 만족하는 서로 다른 2개의 $\vec{a}$ 가 존재한다. $\vec{v}$ 의 시점과 종점을 연결한 선분을 OV 라 하고 $\vec{a}$ 의 시점과 종점을 연결한 선분을 OA 라 했을 때, $\vec{a} - \vec{v}$ 를 나타내는 선분은 VA 이다.

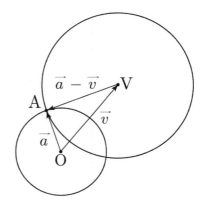

〈경우 1〉 선분 OV 와 선분 OA 가 한 직선상에 놓이지 않은 경우를 생각하자. 삼각형 OVA 의 두 변의 길이의 합이 나머지 한 변의 길이보다 크기 때문에 $|\vec{v} - \vec{a}| - |\vec{a}| < |\vec{v}| < |\vec{v} - \vec{a}| + |\vec{a}|$ 이 항상 성립한다. 따라서 $n - m = |\vec{v} - \vec{a}| - |\vec{a}| < |\vec{v}| < |\vec{v} - \vec{a}| + |\vec{a}| = n + m$

〈경우 2〉 선분 OV 와 선분 OA 가 평행하여 한 직선상에 놓인 경우를 생각하자.

1) $\vec{a}$ 와 $\vec{v} - \vec{a}$ 가 같은 방향인 경우
명제 p_2 를 만족하는 $\vec{a}$ 는 벡터 $\vec{v}$ 의 방향과 일치하고 $|\vec{a}| = m$ 인 하나의 벡터밖에 없다.

2) $\vec{a}$ 와 $\vec{v} - \vec{a}$ 가 반대 방향인 경우
명제 p_2 를 만족하는 $\vec{a}$ 는 벡터 $\vec{v}$ 의 방향과 반대이고 $|\vec{a}| = m$ 인 하나의 벡터밖에 없다.

따라서 $\vec{a}$ 가 $|\vec{a}| = m$ 과 $|\vec{a} - \vec{v}| = n$ 을 만족하는 서로 다른 2개의 $\vec{a}$ 가 있을 필요충분조건은 **〈경우 1〉**의 $n - m < |\vec{v}| < n + m$ 이다.

[1] 2 이상인 양의 정수 n 에 대해
$$a_n = S_n - S_{n-1} = (n^2 + n + 1) - ((n-1)^2 + (n-1) + 1) = 2n$$
이고, $a_1 = S_1 = 3$ 이다.

2 이상인 양의 정수 k 에 대하여 이 삼각형 배열의 제 k번째 줄의 마지막 수는 수열의
$$1 + 2 + \cdots + k = \frac{k(k+1)}{2}$$
번째 항이므로, $k(k+1)$ 이다. 따라서 가장 위 꼭짓점에서부터 50번째 줄까지 각 줄의 가장 오른쪽에 배열되는 수들의 합은
$$3 + \sum_{k=2}^{50} k(k+1) = 1 + \sum_{k=1}^{50} (k^2 + k) = 1 + \frac{50 \times 51 \times 101}{6} + \frac{50 \times 51}{2} = 44201$$
이다.

[2] k 가 짝수일 때, 제k번째 줄의 마지막 수는 수열의
$$1 + (1 + 2 + \cdots + (k-1)) = \frac{1}{2}(k^2 - k + 2)$$
번째 항이므로, $k^2 - k + 2$ 이다.

k 가 2 이상인 홀수일 때, 제k번째 줄의 마지막 수는 수열의
$$1 + 2 + \cdots + k = \frac{k(k+1)}{2}$$
번째 항이므로 $k(k+1)$ 이다. 따라서 가장 위 꼭짓점에서부터 50 번째 줄까지 각 줄의 가장 오른쪽에 배열되는 수들의 합은
$$3 + \sum_{m=2}^{25} (2m-1)(2m) + \sum_{m=1}^{25} ((2m)^2 - (2m) + 2) = 1 + \sum_{k=1}^{25} (8m^2 - 4m + 2)$$
이다. 이를 다시 정리하면
$$1 + 8 \times \frac{25 \times 26 \times 51}{6} - 4 \times \frac{25 \times 26}{2} + 2 \times 25 = 42951$$
이다.

[3] 2 이상인 양의 정수 n 에 대해
$$a_n = S_n - S_{n-1} = 2^n - 2^{n-1} = 2^{n-1}$$
이고, $a_1 = S_1 = 2$ 이다. k 가 짝수일 때, 제k번째 줄의 마지막 수는 수열의
$$1 + (1 + 2 + \cdots + (k-1)) = \frac{1}{2}(k^2 - k + 2)$$
번째 항이므로 $2^{\frac{1}{2}(k^2 - k)}$ 이다. k 가 2 이상인 홀수일 때, 제k번째 줄의 마지막 수는 수열의
$$1 + 2 + \cdots + k = \frac{k(k+1)}{2}$$
번째 항이므로 $2^{\frac{1}{2}(k^2 + k - 2)}$ 이다. 따라서 가장 위 꼭짓점에서부터 50번째 줄까지 각 줄의 가장 오른쪽에 배열되는 수들의 곱은

$$2 \times 2^{\frac{1}{2} \sum_{m=2}^{25} ((2m-1)^2 + (2m-1) - 2)} \times 2^{\frac{1}{2} \sum_{m=1}^{25} ((2m)^2 - (2m))}$$

이다. 이를 다시 정리하면, 2^N의 형태이고,

$$N = 1 + \frac{1}{2} \sum_{m=1}^{25} ((2m-1)^2 + (2m-1) - 2 + (2m)^2 - 2m)$$

$$= 1 + \sum_{m=1}^{25} (4m^2 - 2m - 1)$$

$$= 1 + 4 \times \frac{25 \times 26 \times 51}{6} - 2 \times \frac{25 \times 26}{2} - 25 = 21426$$

이다. 따라서 문제의 곱은 2^{21426} 이다.

Show and Prove

기대T 수리논술 수업 상세안내

수업명	수업 상세 안내 (지난 수업 영상수강 가능)
정규반 프리시즌 (2월)	– 수리논술만의 특징인 '답안작성 능력'과 '증명 능력'을 향상 시키는 수업 – 수험생은 물론 강사도 가질 수 있는 '증명 오개념'을 타파시키는 수학 전공자의 수업
정규반 시즌1 (3월)	– 수능/내신 공부와 다른 수리논술 공부의 결 & 방향성을 잡아주는 수업 – 삼각함수 & 수열의 콜라보 등 논술형 발전성을 체감해볼 수 있는 실전 내용 수업
정규반 시즌2 (4~5월)	– 수리논술에서 50% 이상의 비중을 차지하는 수리논술용 미적분을 집중 해석하는 수업 – 수리논술에도 존재하는 행동 영역을 통해 고난도 문제의 체감 난이도를 낮춰주는 수업 – 대학의 모범답안을 보고도 '이런 아이디어를 내가 어떻게 생각해내지?'라는 생각이 드는 학생들도 납득 가능하고 감탄할 만한 문제접근법을 제시해주는 수업
정규반 시즌3 (6~7월)	– 상위권 대학의 합격 당락을 가르는 고난도 주제들을 총정리하는 수업 – 아래 학교의 수리논술 합격을 바라는 학생들이라면 강추 (메디컬, 고려, 연세, 한양, 서강, 서울시립, 경희, 이화, 숙명, 세종, 서울과기대, 인하)
선택과목 특강 (선택확통 / 선택기하)	– 수능/내신의 빈출 Point와의 괴리감이 제일 큰 두 과목인 확통/기하의 내용을 철저히 수리논술 빈출 Point에 맞게 피팅하여 다루는 Compact 강의 (영상 수강 전용 강의) – 확통/기하 각각 2~3강씩으로 구성된 실전+심화 수업 (교과서 개념 선제 학습 필요) – 상위권 학교 지원자들은 꼭 알아야 하는 필수내용 / 6월 또는 7월 내로 완강 추천
Semi Final (8월)	– 본인에게 유리한 출제 스타일인 학교를 탐색하여 원서지원부터 이기고 들어갈 수 있도록 태어난 새로운 수업 (모든 대학을 출제유형별로 A그룹~D그룹으로 분류 후 분석) – 최신기출 (작년 기출+올해 모의) 중 주요 문항 선별 통해 주요대학 최근 출제 경향 파악
고난도 문제풀이반 For 메디컬/고/연/서성한시	– 2월~8월 사이 배운 모든 수리논술 실전 개념들을 고난도 문제에 적용 해보는 수업 – 전형적인 고난도 문제부터 출제될 시 경쟁자와 차별될 수 있는 창의적 신유형 문제까지 다양하게 만나볼 수 있는 수업
학교별 Final (수능전 / 수능후)	– 학교별 고유 출제 스타일에 맞는 문제들만 정조준하여 분석하는 Final 수업 – 빈출 주제 특강 + 예상 문제 모의고사 응시 후 해설 & 첨삭 – 고승률 문제접근 Tip을 파악하기 쉽도록 기출 선별 자료집 제공 (학교별 상이)
첨삭	수업 형태 (현장 강의 수강, 온라인 수강) 상관없이 모든 학생들에게 첨삭이 제공됩니다. 1차 서면 첨삭 후 학생이 첨삭 내용을 제대로 이해했는지 확인하기 위해, 답안을 재작성하여 2차 대면 첨삭영상을 추가로 제공받을 수 있습니다. 이를 통해 학생은 6~10번 이내에 합격급으로 논리적인 답안을 쓸 수 있게 되며, 이후에는 문제풀이 Idea 흡수에 매진하면 됩니다.

정규반 안내사항 (아래 QR코드 참고)

대학별 Final 안내사항 (아래 QR코드 참고)

Show and Prove

1

수리논술을 위한 Basic logic & 수학 1

기대T의 Real 실전모범답안

기대T의 Real 실전모범답안

대치동 현장강의 / 영상수강 비대면강의 수강생들이 수업자료로 받고 있는 Real 모범답안 자료입니다.
문제풀이 방향성의 이해에 중점을 둬서 해설을 작성했다면, 이 답안은 100% 합격할 수 있는 최우수 모범답안입니다.
'해설 또는 대학예시답안'과 'Real 모범답안'의 작성방법이나 논리의 차이를 느껴보는 것만으로도 셀프첨삭효과를 누릴 수 있습니다.

| chp. 3 | [논제 10] 2022 건국대 | 실전답안 ✔ 학생첨삭답안 ☐ |

$\overline{AB}$에 대한 원주각 $\angle ACB = \theta$라 하자.

원에 내접하는 $\triangle ABC$에서 $\dfrac{\overline{AB}}{\sin\theta} = \dfrac{2\sqrt{2}}{\sin\theta} = 2 \cdot 2 = 4$ 이므로 $\theta = \dfrac{\pi}{4}$ 이다.

한편, $\overline{CD} = 2$ 이므로 $\triangle OCD$는 정삼각형. $\overline{CD}$에 대한 중심각 $\angle COD = \dfrac{\pi}{3}$ 이므로, $\overline{CD}$에 대한 원주각 $\angle CBD = \dfrac{\pi}{6}$ 이다.

$\therefore \angle APB = \dfrac{\pi}{4} - \dfrac{\pi}{6} = 15°$

$\triangle APB$에서 사인법칙에 의해

$$\dfrac{\overline{AP}}{\sin(\angle ABP)} = \dfrac{\overline{AB}}{\sin P}$$

$\Rightarrow \dfrac{\overline{AP}}{\sin(\angle ABP)} = \dfrac{2\sqrt{2}}{\sin 15°}$ 를 만족한다.

$\sin(\angle ABP) = \sin\dfrac{\pi}{2} = 1$일 때 $\overline{AP}$가 최댓값을 가지므로 이를 구해보면 $\overline{AP} = \dfrac{2\sqrt{2}}{\dfrac{\sqrt{6}-\sqrt{2}}{4}} = 4\sqrt{3} + 4$ 이다.

$$\therefore 4\sqrt{3} + 4$$

원 위의 임의의 점을 K라 하면, $\overline{AB}=2\sqrt{5}$에 대한 원주각 $\angle AKB=\theta_1$라 하자.

$\triangle AKB$에서 사인 법칙에 의해 $\dfrac{2\sqrt{5}}{\sin\theta_1}=4$ $\therefore \sin\theta_1=\dfrac{\sqrt{5}}{2}$ $\Leftrightarrow \theta_1=\dfrac{\pi}{4}$

$\triangle OCD$에서 $\overline{OC}=\overline{OD}=\overline{CD}=2$이므로, 중심각 $\angle COD$에 대한 원주각 $\angle CBD=\dfrac{\pi}{6}$

$\qquad \angle OCD=\angle ODC=\angle COD=\dfrac{\pi}{3}$

따라서 $\angle DPC = 15° \quad \dfrac{\pi}{4}-\dfrac{\pi}{3}$

$\triangle ABP$에서 사인 법칙에 의해

$$\dfrac{2\sqrt{5}}{\sin 15°}=\dfrac{\overline{AP}}{\sin(\angle ABP)}$$

이때 $\overline{AP}$의 값은 최대여야 하므로 $\sin(\angle ABP)$의 값도 최대가 되어야한다.

$\sin(\angle ABP)$의 최댓값이 1이므로 $\angle ABP=\dfrac{\pi}{2}$이고 $\overline{AP}$가 최대일 때의 상황은 아래와 같다.

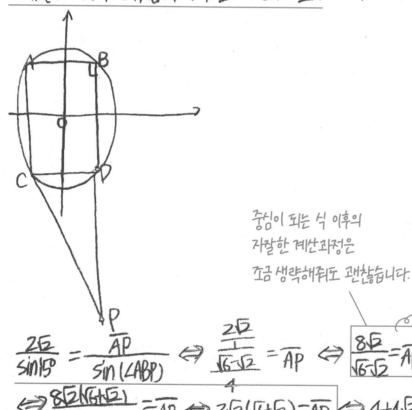

중심이 되는 식 이후의
자잘한 계산과정은
조금 생략해줘도 괜찮습니다.

$$\dfrac{2\sqrt{5}}{\sin 15°}=\dfrac{\overline{AP}}{\sin(\angle ABP)} \Leftrightarrow \dfrac{2\sqrt{5}}{\frac{\sqrt{6}-\sqrt{2}}{4}}=\overline{AP} \Leftrightarrow \dfrac{8\sqrt{5}}{\sqrt{6}-\sqrt{2}}=\overline{AP}$$

$$\Leftrightarrow \dfrac{8\sqrt{5}(\sqrt{6}+\sqrt{2})}{6-2}=\overline{AP} \Leftrightarrow 2\sqrt{5}(\sqrt{6}+\sqrt{2})=\overline{AP} \Leftrightarrow 4+4\sqrt{3}=\overline{AP}$$

따라서 $\overline{AP}$의 값 중 가장 큰 것은 $4+4\sqrt{3}$이다.

good!

[1]

$\overline{AD} = \overline{BD} = \ell$ 이라 두면,

$\triangle ABD$ 에서 $\overline{AB} = 2\ell \cos t$ 이고,

$\triangle BDC$ 에서 $\overline{DC} = \ell \cos 2t$, $\overline{BC} = \ell \sin 2t$ 이다.

이때, 직각 $\triangle ABC$ 에서 $\overline{AB}^2 = \overline{AC}^2 + \overline{BC}^2$ 이므로

$\Rightarrow 4\ell^2 \cos^2 t = \ell^2 \sin^2 2t + \ell^2 (1 + \cos 2t)^2$

$\Rightarrow 4\cos^2 t = \sin^2 2t + 1 + 2\cos 2t + \cos^2 2t$

$\Rightarrow 4\cos^2 t = 2 + 2\cos 2t$

$\Rightarrow \cos^2 t = \dfrac{1 + \cos 2t}{2}$

$\Rightarrow \cos t = \sqrt{\dfrac{1 + \cos 2t}{2}}$ $\left(\because 0 < t < \dfrac{\pi}{4} \text{ 이므로 } \cos t > 0, \cos 2t > 0\right)$ 이다. $\cdots$ ①

$\therefore$ 그림을 통해 $0 < t < \dfrac{\pi}{4}$ 일때 $\cos t = \sqrt{\dfrac{1 + \cos 2t}{2}}$ 임을 알 수 있다.

이제 ①에 $t = 0$, $t = \dfrac{\pi}{4}$ 를 대입해보자.

　ⅰ) $t = 0$ 일때 (좌변)=(우변)= 1

　ⅱ) $t = \dfrac{\pi}{4}$ 일때 (좌변)=(우변)= $\dfrac{\sqrt{2}}{2}$

> $t = 0, t = \dfrac{\pi}{4}$ 일때는 그림과 같은 삼각형이 그려지지 않기 때문에 위의 방식대로 풀 수 없습니다. 따라서 이렇게 대입해줌으로써 식이 성립함을 따로 확인해줘야 합니다.

따라서 $0 \leq t \leq \dfrac{\pi}{4}$ 일 때 $\cos t = \sqrt{\dfrac{1 + \cos 2t}{2}}$ 가 성립하고, $0 \leq x \leq 1$ 에서 $\cos t = f(\cos 2t)$ 를

만족하는 함수는 $f(x) = \sqrt{\dfrac{1 + x}{2}}$ 이다.

$$\therefore f(x) = \sqrt{\dfrac{1 + x}{2}}$$

[2]

$\dfrac{a_1}{2} = \dfrac{\sqrt{2}}{2} = \cos \dfrac{\pi}{4}$

$\dfrac{a_2}{2} = \dfrac{\sqrt{2 + \sqrt{2}}}{2} = \sqrt{\dfrac{1 + \frac{\sqrt{2}}{2}}{2}} = \sqrt{\dfrac{1 + \frac{a_1}{2}}{2}} = f\left(\cos \dfrac{\pi}{4}\right) = \cos \dfrac{\pi}{8}$ $(\because$ 문제 1$)$

$\dfrac{a_3}{2} = \sqrt{\dfrac{1 + \frac{\sqrt{2 + \sqrt{2}}}{2}}{2}} = \sqrt{\dfrac{1 + \frac{a_2}{2}}{2}} = f\left(\cos \dfrac{\pi}{8}\right) = \cos \dfrac{\pi}{16}$ $(\because$ 문제 1$)$

$\vdots$

마찬가지 방법으로 모든 자연수 n에 대하여 $\dfrac{a_n}{2}$ 을 구해보면 $\cos \dfrac{\pi}{2^{n+1}}$ 가 나오므로

$a_n = 2\cos \dfrac{\pi}{2^{n+1}}$ 이다.

$$\therefore \lim_{n \to \infty} a_n = \lim_{n \to \infty} 2 \cdot \cos \dfrac{\pi}{2^{n+1}} = 2$$

$\therefore$ 수열 $\{a_n\}$은 수렴하고, 극한값 $\lim\limits_{n \to \infty} a_n = 2$ 이다.

1-1)

$\angle BAD = \angle ABD = t$

D에서 $\overline{AB}$에 내린 수선의 발을 H라 하면, $\triangle ADH \equiv \triangle BDH$

$\overline{AD} = \overline{BD} = a$ 라 하자.

$\overline{AB} = 2\overline{AH} = 2a\cos t$

$\overline{DC} = a\cos 2t, \quad \overline{BC} = a\sin 2t$

$\overline{AB}^2 = \overline{AC}^2 + \overline{BC}^2$

⟺ $4a^2\cos^2 t = a^2 + a^2\cos^2 2t + 2a^2\cos 2t + a^2\sin^2 2t$

⟺ $4\cos^2 t = 2 + 2\cos 2t$

⟹ $\cos t > 0$ 이므로 $\cos t = \sqrt{\dfrac{1+\cos 2t}{2}}$ … ①

∴ $f(\cos 2t) = \sqrt{\dfrac{1+\cos 2t}{2}}$

∴ $f(x) = \sqrt{\dfrac{1+x}{2}}$　　답) $f(x) = \sqrt{\dfrac{1+x}{2}}$

오른쪽 상단 첨삭:

$t=0$ 일때와 $t=\dfrac{\pi}{4}$ 일때는 삼각형이 그려지지 않기 때문에, ①에 따로 대입해줌으로써 식이 성립함을 보여주어야합니다.

⟹ $\cos t = \sqrt{\dfrac{1+\cos 2t}{2}}$ $(\because 0 < t < \dfrac{\pi}{4}$ 이므로 $\cos t > 0, \cos 2t > 0)$ 이다. … ①

∴ 그림을 통해 $0 < t < \dfrac{\pi}{4}$ 일때 $\cos t = \sqrt{\dfrac{1+\cos 2t}{2}}$ 임을 알 수 있다

이제 ①에 $t=0$, $t=\dfrac{\pi}{4}$를 대입해보자.
 i) $t=0$ 일때 (좌변) = (우변) = 1
 ii) $t=\dfrac{\pi}{4}$ 일때 (좌변) = (우변) = $\dfrac{\sqrt{2}}{2}$

따라서 $0 \le t \le \dfrac{\pi}{4}$ 일 때 $\cos t = \sqrt{\dfrac{1+\cos 2t}{2}}$ 가 성립하고, $0 \le x \le 1$ 에서 $\cos t = f(\cos 2t)$를 만족하는 함수는 $f(x) = \sqrt{\dfrac{1+x}{2}}$ 이다.

$f(x) = \sqrt{\dfrac{1+x}{2}}$

1-2)

$\dfrac{a_1}{2} = \dfrac{\sqrt{2}}{2} = \cos\dfrac{\pi}{4}$

$\dfrac{a_2}{2} = \sqrt{\dfrac{2+\sqrt{2}}{4}} = \sqrt{\dfrac{1+\frac{\sqrt{2}}{2}}{2}} = f\left(\dfrac{\sqrt{2}}{2}\right) = f\left(\cos\dfrac{\pi}{4}\right) = \cos\dfrac{\pi}{8}$

$\dfrac{a_3}{2} = \sqrt{\dfrac{2+\sqrt{2+\sqrt{2}}}{4}} = \sqrt{\dfrac{1+\frac{\sqrt{2+\sqrt{2}}}{2}}{2}} = f\left(\dfrac{\sqrt{2+\sqrt{2}}}{2}\right) = f\left(\cos\dfrac{\pi}{8}\right) = \cos\dfrac{\pi}{16}$

$\vdots$

$\dfrac{a_n}{2} = \cos\dfrac{\pi}{2^{n+1}}$

∴ $a_n = 2\cos\dfrac{\pi}{2^{n+1}}$

$\lim_{n\to\infty} 2\cos\dfrac{\pi}{2^{n+1}} = 2 = \lim_{n\to\infty} a_n$

따라서 a_n로 2로 수렴한다.

Good

$a_k = {}_{60}C_k \cdot 2^k \cdot 5^{60-k}$

$\quad = 5^{60} \cdot {}_{60}C_k \cdot \left(\frac{2}{5}\right)^k$

먼저 $\underset{①}{\underline{a_{p-1} < a_p}} \underset{②}{\underline{> a_{p+1}}}$ 을 만족하는 p를 구하라.

① $a_{p-1} < a_p$

$\Leftrightarrow 5^{60} \cdot {}_{60}C_{p-1} \cdot \left(\frac{2}{5}\right)^{p-1} < 5^{60} \cdot {}_{60}C_p \cdot \left(\frac{2}{5}\right)^p$

$\Leftrightarrow \dfrac{60!}{(p-1)!\,(61-p)!} < \dfrac{60!}{p!\,(60-p)!} \cdot \dfrac{2}{5}$

$\Leftrightarrow 5p < 2(61-p)$

$\Leftrightarrow 7p < 122$

마찬가지 방식으로 부등식 ②를 풀면, ② $a_p > a_{p+1} \Leftrightarrow 7(p+1) > 122$.

$\quad \therefore$ ①, ②에 의해 $115 < 7p < 122$. $\qquad \therefore p = 17$.

다음으로 g를 구해보자.

위의 계산을 통해 $n \leq 16$일때 $a_{n-1} < a_n$이고 $n \geq 18$일 때 $a_n > a_{n+1}$을 만족하므로 a_g는 a_{16}과 a_{18} 중 하나임을 알 수 있다.

$\dfrac{a_{18}}{a_{16}} = \dfrac{5^{60} \cdot {}_{60}C_{18} \cdot \left(\frac{2}{5}\right)^{18}}{5^{60} \cdot {}_{60}C_{16} \cdot \left(\frac{2}{5}\right)^{16}}$

$\qquad = \dfrac{3784}{3825}$

$\qquad < 1$

$\qquad\qquad \therefore g = 16.$

문제 풀 때에는 어떻게 될지 모르므로 부등호에 등호를 넣고 풀었지만, p가 자연수이기 때문에 등호가 성립하는 경우가 없어서 답안을 쓸 때에는 등호를 제거하고 썼습니다. 그래야 a_p와 a_g를 찾을 때 좀 더 명확합니다.

[6]
1) $(5+2x)^{60} = {}_{60}C_k (2x)^k \, 5^{60-k}$ (∵ 제시문 (나))

$\qquad\qquad = {}_{60}C_k \cdot 2^k \, 5^{60-k} \cdot k^x$ 이므로

$a_k = {}_{60}C_k \cdot 2^k \cdot 5^{60-k}$

$\qquad = 5^{60} \cdot {}_{60}C_k \left(\dfrac{2}{5}\right)^k$

[6]
2) $a_{n-1} \leq a_n \geq a_{n+1}$

먼저. $a_{n-1} \leq a_n$ 일 때, … ①

→ P가 자연수이기 때문에 등호가 성립하는 경우가 없어 등호를 제거하고 써주면 조금 더 명확한 과정으로 a_p와 a_q를 찾을 수 있습니다. 모범답안 참고해주세요 =)

$\Leftrightarrow 5^{60} \cdot {}_{60}C_{n-1} \left(\dfrac{2}{5}\right)^{n-1} \leq 5^{60} \cdot {}_{60}C_n \left(\dfrac{2}{5}\right)^n$

$\Leftrightarrow \dfrac{60!}{(n-1)!(61-n)!} \leq \dfrac{60!}{n!(60-n!)} \times \dfrac{2}{5}$

$\Leftrightarrow 5n \leq 2(61-n)$

$\Leftrightarrow 7n \leq 122$

한편, $a_n \geq a_{n+1}$ 일 때 … ②

$\Leftrightarrow \dfrac{60!}{n!(60-n!)} \times \dfrac{2}{5} \geq \dfrac{60!}{(n+1)!(59-n)!}$

$\Leftrightarrow 7(n+1) \geq 122$ 이다.

①과 ②에 의해 $\quad 115 \leq 7n \leq 122$ 이므로 $\quad n=17$ 이다.

∴ a_{17}이 최대이므로 $P=17$ 이다.

위의 계산을 통해, $n \leq 16$ 일 때 $a_{n-1} < a_n$ 이고 $n \geq 18$ 일 때 $a_n > a_{n+1}$ 을 만족하므로 a_q는 a_{16}과 a_{18} 중 하나임을 알 수 있다.

[6]
3) ⊕에 의해 a_{16}과 a_{18}을 비교하면,

$\dfrac{a_{16}}{a_{18}} = \dfrac{5^{60} \cdot {}_{60}C_{16} \cdot \left(\frac{2}{5}\right)^{16}}{5^{60} \cdot {}_{60}C_{18} \cdot \left(\frac{2}{5}\right)^{18}} < 1$ 이므로 $a_{16} > a_{18}$ 이다.

∴ 따라서 두 번째로 큰 값은 a_{16}이고 $q=16$ 이다.

∴ $P=17, \; q=16$

1) $a_{n+1} \geq \dfrac{n \cdot a_n}{a_n^2 + n - 1}$

$\Rightarrow \dfrac{1}{a_{n+1}} \leq \dfrac{a_n^2 + n - 1}{n \cdot a_n}$

$\qquad = \dfrac{a_n}{n} + \dfrac{n-1}{n \cdot a_n}$

$\therefore \dfrac{n}{a_{n+1}} - \dfrac{n-1}{a_n} \leq a_n$

2) 모든 자연수 k에 대하여 부등식 $\dfrac{k}{a_{k+1}} - \dfrac{k-1}{a_k} \leq a_k$ 성립 $(\because$ 문제1$)$

$\quad k=1 \qquad \dfrac{1}{a_2} - \dfrac{0}{a_1} \leq a_1$

$\quad k=2 \qquad \dfrac{2}{a_3} - \dfrac{1}{a_2} \leq a_2$

$\qquad \vdots$

$\quad k=n-1 \quad \dfrac{n-1}{a_n} - \dfrac{n-2}{a_{n-1}} \leq a_{n-1}$

$\quad k=n \qquad \dfrac{n}{a_{n+1}} - \dfrac{n-1}{a_n} \leq a_n$

$\rule{6cm}{0.4pt}$ $(+$

양변을 모두 더하면, $\quad \dfrac{n}{a_{n+1}} \leq a_1 + \cdots + a_n$

따라서 자연수 n에 대하여 부등식 $a_1 + a_2 + \cdots + a_n \geq \dfrac{n}{a_{n+1}}$ 성립.

3) 문제에서 주어진 부등식에 의하여 $a_2 \geq \dfrac{a_1}{a_1^2} = \dfrac{1}{a_1}$ 성립 $\cdots$ ①

i) $n=2$: $a_1 + a_2 \geq a_1 + \dfrac{1}{a_1}$ $(\because$ ①$)$

$\qquad\qquad\qquad \geq 2$ $(\because$ 제시문 (가)$)$ $\qquad \therefore$ 성립

ii) $n=k$ 일때 $a_1 + \cdots + a_k \geq k$ 가 성립한다고 가정하자.

$\quad$ ① $a_{k+1} \geq 1$ 일때,

$\qquad a_1 + \cdots + a_k \geq k$

$\quad \Rightarrow a_1 + \cdots + a_k + a_{k+1} \geq k + a_{k+1}$

$\qquad\qquad\qquad\qquad \geq k+1$ 이므로 $n=k+1$일때도 부등식 성립.

$\quad$ ⓛ $0 < a_{k+1} < 1$ 일때,

$\qquad$ 3-2)에 의하여 $\quad a_1 + a_2 + \cdots + a_k \geq \dfrac{k}{a_{k+1}}$ 성립

$\qquad\qquad \Rightarrow a_1 + \cdots + a_k + a_{k+1} \geq \dfrac{k}{a_{k+1}} + a_{k+1}$

$\qquad\qquad\qquad\qquad\qquad = a_{k+1} + \dfrac{1}{a_{k+1}} + \dfrac{k-1}{a_{k+1}}$

$\qquad\qquad\qquad\qquad\qquad \geq 2 + k - 1$

$\qquad\qquad\qquad\qquad\qquad = k+1$ 이므로 $n=k+1$일때도 부등식 성립.

$\quad \therefore$ ①, ⓛ에 상관없이 $n=k+1$일때도 부등식이 성립한다.

따라서 수학적 귀납법에 의해 모든 자연수 $n \geq 2$에 대하여 부등식 $a_1 + \cdots + a_n \geq n$ 이 성립한다.

[3-1]

$$\frac{1}{a_{n+1}} \leq \frac{a_n^2 + n - 1}{n a_n}$$

$$\Rightarrow \frac{1}{a_{n+1}} \leq \frac{a_n}{n} + \frac{n-1}{n a_n}$$

식 전개는 되도록이면 세로로 해주는 게 좋습니다.

$$\Rightarrow \frac{n}{a_{n+1}} \leq a_n + \frac{n-1}{a_n}$$

$$\Rightarrow \frac{n}{a_{n+1}} - \frac{n-1}{a_n} \leq a_n \quad \therefore \text{모든 자연수 } n\text{에 대하여 } \frac{n}{a_{n+1}} - \frac{n-1}{a_n} \leq a_n \text{이 성립한다.}$$

[3-2]　모든 자연수 k에 대하여 부등식 $\frac{k}{a_{k+1}} - \frac{k-1}{a_k} \leq a_k$ 성립
　　　　　　　　　　　　　　　　　　　　　　　　$(\because 3-1)$

$k=1 \quad a_1 \geq \frac{1}{a_2} - \frac{0}{a_1}$

$k=2 \quad a_2 \geq \frac{2}{a_3} - \frac{1}{a_2}$

$\vdots$

$k=n-1 \quad a_{n-1} \geq \frac{n-1}{a_n} - \frac{n-2}{a_{n-1}}$

$k=n \quad a_n \geq \frac{n}{a_{n+1}} - \frac{n-1}{a_n}$ ⊕ 양변을 모두 더하면

> 따라서 자연수 n에 대하여 부등식 $a_1 + a_2 + \cdots + a_n \geq \frac{n}{a_{n+1}}$ 성립.

$$a_1 + a_2 + \cdots + a_{n-1} + a_n \geq \frac{n}{a_{n+1}} \text{ 라는 부등식이 성립한다.}$$

[3-3]　부가설명을 위한 풀이는 답안 작성시 맨 먼저 적어서 기호로 네이밍을 해두고, 주설명을 할때 간단하게 기호로만 언급해주는 것이 더 좋습니다. (Band 모범답안 참고)

ⅰ) $n=2$

$a_1 + a_2 \geq 2$

만족하는 부등식 $a_{n+1} \geq \frac{n a_n}{a_n^2 + n - 1}$ 에서 n에 1을 대입하면

$$a_2 \geq \frac{a_1}{a_1^2} \geq \frac{1}{a_1} \quad \therefore a_2 \geq \frac{1}{a_1} \quad \cdots ①$$

식 전개는 웬만하면 세로로! (특히 근거를 써줘야하는 경우)

$a_1 + a_2 \geq a_1 + \frac{1}{a_1} \geq 2 \quad \cdots$ 제시문 (가)에 의해 성립한다. $\quad a_1 + a_2 \geq a_1 + \frac{1}{a_1} \ (\because ①)$
　　　　　　　　　　　　　　　　　　　　　　　　　　　　　　　　　　　$\geq 2 \ (\because \text{제시문 (가)})$

ⅱ) $n=k$ 성립 가정

$a_1 + a_2 + \cdots + a_k \geq k \quad \Rightarrow a_1 + \cdots + a_k + a_{k+1} \geq k + a_{k+1} \geq k+1$

㉠ $a_{k+1} \geq 1$ 일때 $k + a_{k+1} \geq k+1$ 이 성립한다. ⟶ $a_1 + \cdots + a_k + a_{k+1} \geq k + a_{k+1}$
　　　　　　　　　　　　　　　　　　　　　　　　　　　　　　　　　　　$\geq k+1$ 이므로
㉡ $0 < a_{k+1} < 1$ 일때 [3-2] 식을 사용하여 정리하면　　　　　$n = k+1$일때도 부등식 성립.

$$a_1 + a_2 + \cdots + a_k + a_{k+1} \geq \frac{k}{a_{k+1}} + a_{k+1}$$

$$\geq \frac{1}{a_{k+1}} + a_{k+1} + \left(\frac{k-1}{a_{k+1}}\right) \quad \boxed{\text{여기서 } \frac{k-1}{a_{k+1}} \text{은 } k-1 \text{ 보다 크다.}}$$

$$\geq 2 + k - 1 = k+1 \text{ 이므로 } n=k+1 \text{ 일때도 성립한다.}$$

따라서 수학적 귀납법에 의해 모든 자연수 $n \geq 2$에 대하여 부등식 $a_1 + \cdots + a_n \geq n$ 이 성립한다.

$1 \leq k \leq n$ 을 만족하는 k에 대하여,

$$k^2 - k \leq (k+1) \cdot n \quad (\because k^2 - k \leq k(k+1) \leq n \cdot (k+1))$$

$$\Rightarrow 2n^2 \leq 2n^2 + (k+1) \cdot n + k - k^2$$

$$\Rightarrow 2n^2 \leq (n+k)(2n+1-k)$$

$$\Rightarrow \frac{n}{n+k} \times \frac{n}{2n+1-k} \leq \frac{1}{\sqrt{2}} \cdot \frac{1}{\sqrt{2}} \text{ 이 성립함을 알 수 있다.}$$

$$k=1 \qquad \frac{n}{n+1} \times \frac{n}{2n} \leq \frac{1}{2}$$

$$k=2 \qquad \frac{n}{n+2} \times \frac{n}{2n-1} \leq \frac{1}{2}$$

$$k=3 \qquad \frac{n}{n+3} \times \frac{n}{2n-2} \leq \frac{1}{2}$$

$$\vdots$$

$$k=n \qquad \frac{n}{2n} \times \frac{n}{n+1} \leq \frac{1}{2} \qquad \times$$

양변을 모두 곱하면, $\left\{ \dfrac{n^n \times n!}{(2n)!} \right\}^2 \leq \left(\dfrac{1}{2} \right)^n$

$$\therefore \frac{n^n \times n!}{(2n)!} \leq \left(\frac{1}{\sqrt{2}} \right)^n$$

따라서 모든 자연수 n에 대하여 부등식 $\dfrac{n^n \times n!}{(2n)!} \leq \left(\dfrac{1}{\sqrt{2}} \right)^n$ 이 성립한다.

$n = 2m$ (m은 자연수) 이면

$$\frac{n^n \times n!}{(2n)!} = \frac{n}{2n} \times \frac{n}{2n-1} \times \cdots \times \frac{n}{2n-(m-1)} \times \frac{n}{2n+1+(m-1)} \times \cdots \times \frac{n}{n+2} \times \frac{n}{n+1} \text{ 이다.}$$

$$\left\{ \begin{array}{l} \dfrac{n}{2n} \times \dfrac{n}{n+1} \leq \dfrac{1}{2} \\[2mm] \dfrac{n}{2n-1} \times \dfrac{n}{n+2} \leq \dfrac{1}{2} \\ \vdots \\ \dfrac{n}{2n-(m-1)} \times \dfrac{n}{n+1+(m-1)} \leq \dfrac{1}{2} \end{array} \right. \text{ 이 성립함을 보여라.}$$

$k = 0, 1, 2, \cdots, m-1$ 에 대하여 $n-1-k \geq 2m-1-(m-1) = m \geq 0$ 이므로

$2n^2 + 2n + k(n-1-k) \geq 2n^2$ 이다.

$(\because k = 0, 1, 2, \cdots, m-1$ 이므로 $0 \leq k \leq m-1 \Rightarrow -(m-1) \leq -k \leq 0,$

즉, $-k \geq -(m-1)$ 이고 $n-1-k = 2m-1-k \geq 2m-1-(m-1)$

$\qquad\qquad\qquad\qquad\qquad\qquad = 2m-1-m+1$

$\qquad\qquad\qquad\qquad\qquad\qquad = m \geq 0$ 이므로

$n-1-1 \geq 0$ 이다. $2n^2+2n+k(n-1-k) \geq 2n^2+2n$ 이므로

$2n^2+2n+k(n-1-k) \geq 2n^2$ 이다.$)$

> 위에서 $n-1-k \geq 0$ 임을 보였으므로 굳이 설명하지 않아도 괜찮습니다.

즉, $k = 0, 1, \cdots, m-1$ 에 대하여

$$\frac{n}{2n-k} \times \frac{n}{n+1+k} = \frac{n^2}{2n^2+2n+nk-k-k^2} \leq \frac{n^2}{2n^2} \leq \left(\frac{1}{\sqrt{2}}\right)^2 \text{ 이다.}$$

따라서 모든 자연수 n에 대하여 $\dfrac{n^n \times n!}{(2n)!} \leq \left(\dfrac{1}{\sqrt{2}}\right)^n$ 이 성립한다.

> 처음에 n이 짝수인 경우를 설정했기 때문에 n이 홀수인 경우도 같이 보여줘야 합니다. Band에 올라간 모범답안처럼 n이 짝/홀인 경우 나누지 않아도 되는 풀이도 있으니 참고하세요 =)

$$4 < a_n \le 4 + \left(\frac{3}{4}\right)^{n-1}$$

$$\underset{①}{\Leftrightarrow \underbrace{0 < a_n - 4} \le \underset{②}{\left(\frac{3}{4}\right)^{n-1}}}$$

한편, $a_{n+1} = \frac{3}{4} a_n + \frac{2}{\sqrt{a_n}}$

$\Rightarrow a_{n+1} - 4 = \frac{3}{4}(a_n - 4) + \frac{2}{\sqrt{a_n}} - 1$

$\Rightarrow a_{n+1} - 4 = (a_n - 4) \cdot \left(\frac{3}{4} - \frac{1}{\sqrt{a_n}(\sqrt{a_n}+2)}\right) \cdots ③$

먼저 수학적 귀납법을 통해 부등식 ①이 성립함을 보이자.

  i) $n=1$:　$0 < a_1 - 4 = 1$　∴ 성립

  ii) $n=k$일때　$a_k - 4 > 0$ 이 성립한다고 가정하면,

$$a_{k+1} - 4 = (a_k - 4) \cdot \left(\frac{3}{4} - \frac{1}{\sqrt{a_k} \cdot (\sqrt{a_k}+2)}\right) (\because ③)$$

$> 0 \left(\because a_k - 4 > 0, \ \frac{3}{4} - \frac{1}{\sqrt{a_k} \cdot (\sqrt{a_k}+2)} > \frac{3}{4} - \frac{1}{8} > 0\right)$ 이므로 $n=k+1$ 일때도 성립.

  ∴ 수학적 귀납법에 의해 모든 자연수 n에 대하여 부등식 ①이 성립한다.

다음으로, 부등식 ②가 성립함을 보이자.

$$a_{m+1} - 4 = (a_m - 4) \cdot \left(\frac{3}{4} - \frac{1}{\sqrt{a_m}(\sqrt{a_m}+2)}\right) (\because ③)$$

$$< \frac{3}{4}(a_m - 4) \left(\because \frac{1}{\sqrt{a_m}(\sqrt{a_m}+2)} > 0\right)$$

  ∴ $a_{m+1} - 4 < \frac{3}{4}(a_m - 4)$

  $m=1$　$a_2 - 4 < \frac{3}{4}(a_1 - 4)$

  $m=2$　$a_3 - 4 < \frac{3}{4}(a_2 - 4)$

  ⋮

  $m=n-1$　$a_n - 4 < \frac{3}{4}(a_{n-1} - 4)$　×

양변을 모두 곱하면　$a_n - 4 < \left(\frac{3}{4}\right)^{n-1}(a_1 - 4) = \left(\frac{3}{4}\right)^{n-1}$　　∴부등식 ② 성립.

따라서 자연수 n에 대하여 부등식 $4 < a_n \le 4 + \left(\frac{3}{4}\right)^{n-1}$ 이 성립한다.

$4 < a_n \le 4 + (\frac{3}{4})^{n-1} \Leftrightarrow 0 < a_n - 4 \le (\frac{3}{4})^{n-1}$

$a_{n+1} = \frac{3}{4} a_n + \frac{2}{\sqrt{a_n}} \Rightarrow a_{n+1} - 4 = \frac{3}{4}(a_n - 4) + \frac{2}{\sqrt{a_n}} - 1 = (a_n - 4)(\frac{3}{4} - \frac{1}{\sqrt{a_n}(\sqrt{a_n}+2)}) \cdots$ ⑦

수학적 귀납법을 통해 $a_n - 4 > 0$이 성립함을 보이자.

i) $n=1$일 때

$0 < a_1 - 4 = 1$ 이므로 성립한다.

ii) $n=k$일 때 $a_k - 4 > 0$이 성립한다 가정하면

$a_{k+1} - 4 = (a_k - 4)(\frac{3}{4} - \frac{1}{\sqrt{a_k}(\sqrt{a_k}+2)}) > 0$ ($\because a_k - 4 > 0,\ \frac{3}{4} - \frac{1}{\sqrt{a_k}(\sqrt{a_k}+2)} > \frac{3}{4} - \frac{1}{8}$ 지)

이므로 $n=k+1$일 때도 성립한다.

수학적 귀납법에 의해 모든 자연수 n에 대해 $a_n - 4 > 0$이 성립한다.

다음으로

$a_n \le 4 + (\frac{3}{4})^{n-1}$이 성립함을 보이자.

$a_{n+1} - 4 = (a_n - 4)(\frac{3}{4} - \frac{1}{\sqrt{a_n}(\sqrt{a_n}+2)}) < \frac{3}{4}(a_n - 4)$ 근거를 조금만 더 친절히 써주시면 좋을 것 같습니다.

$\therefore a_{n+1} - 4 < \frac{3}{4}(a_n - 4)$

$a_2 - 4 < \frac{3}{4}(a_1 - 4)$

$a_3 - 4 < \frac{3}{4}(a_2 - 4)$

$\vdots$

$\times)$ $\underline{a_n - 4 < \frac{3}{4}(a_{n-1} - 4)}$

$a_n - 4 < (\frac{3}{4})^{n-1}(a_1 - 4) = (\frac{3}{4})^{n-1}$

따라서 $a_n \le 4 + (\frac{3}{4})^{n-1}$이 성립한다.

자연수 n에 대해 $4 < a_n \le 4 + (\frac{3}{4})^{n-1}$이 성립.

오른쪽 첨삭:

$= (a_k - 4) \cdot (\frac{3}{4} - \frac{1}{\sqrt{a_k} \cdot (\sqrt{a_k}+2)}) \ (\because$ ⑦ $)$

$> 0 \ (\because a_k - 4 > 0,\ \frac{3}{4} - \frac{1}{\sqrt{a_k} \cdot (\sqrt{a_k}+2)} > \frac{3}{4} - \frac{1}{8} > 0)$

$= (a_m - 4) \cdot (\frac{3}{4} - \frac{1}{\sqrt{a_m}(\sqrt{a_m}+2)}) \ (\because$ ⑦ $)$

$< \frac{3}{4}(a_m - 4) \ (\because \frac{1}{\sqrt{a_m}(\sqrt{a_m}+2)} > 0)$